## 作者简介

忻　歌，上海科技馆副馆长，副研
挥，长期从事博物馆展览策划设计和相关理论研究。

陈　颖，高级工程师，上海科技馆天文展教中心教育研发部部长，上海天文馆建设指挥部策划设计主管。

林　清，研究员，上海科技馆天文研究中心主任，上海天文馆建设指挥部副总指挥、展示部部长。

韩啸啸，工程师，上海科技馆天文运维中心运行管理部副部长，上海天文馆建设指挥部装饰布展主管。

缪斯

MUSE

文库

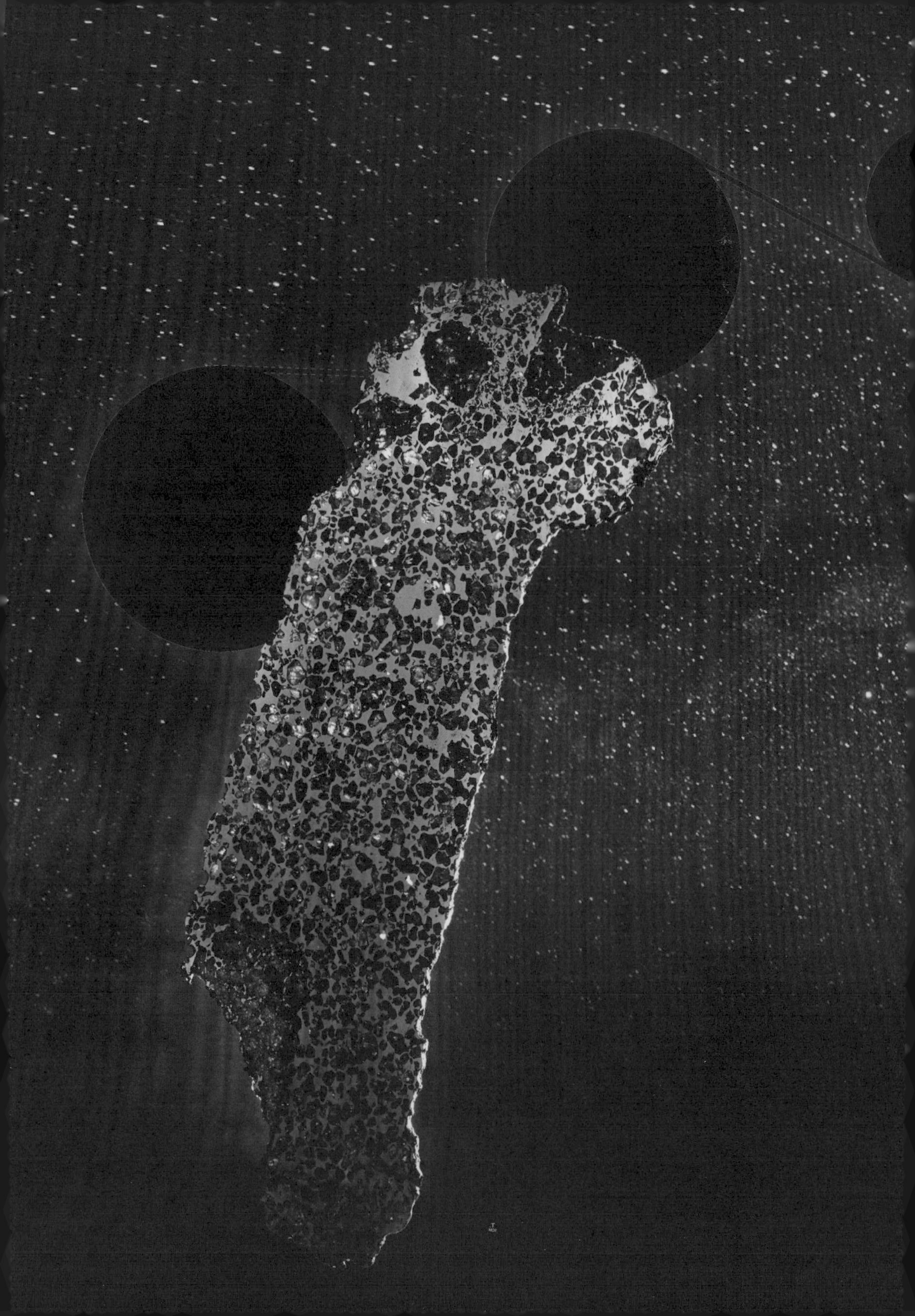

本书由中国博物馆协会与腾讯基金会“腾博基金”资助

# 连接人和宇宙

# Connecting People to the Universe

## 上海天文馆
## 基本陈列
## 策展笔记

忻歌　陈颖　林清　韩啸啸　著

ZHEJIANG UNIVERSITY PRESS
浙江大学出版社
· 杭州 ·

图书在版编目（CIP）数据

连接人和宇宙 ：上海天文馆基本陈列策展笔记 / 忻歌等著. -- 杭州 ：浙江大学出版社，2024. 11. --（中国博物馆陈列展览精品·策展笔记）. -- ISBN 978-7-308-25233-1

Ⅰ. P1-282

中国国家版本馆 CIP 数据核字第 2024J1N982 号

**连接人和宇宙**

上海天文馆基本陈列策展笔记

忻 歌 陈 颖 林 清 韩啸啸 著

---

**出 品 人** 褚超孚
**策划编辑** 张 琛 陈佩钰 吴伟伟
**责任编辑** 陈佩钰
**文字编辑** 蔡一茗
**责任校对** 汪淑芳
**美术编辑** 程 晨
**出版发行** 浙江大学出版社
（杭州市天目山路148号 邮政编码：310007）
（网址：http://www.zjupress.com）
**排 版** 浙江大千时代文化传媒有限公司
**印 刷** 杭州捷派印务有限公司
**开 本** 710mm×1000mm 1/16
**印 张** 16.5
**字 数** 224千
**版 印 次** 2024年11月第1版 2024年11月第1次印刷
**书 号** ISBN 978-7-308-25233-1
**定 价** 88.00元

---

# 总　序

在社会主义文化强国建设的进程中，博物馆扮演着中华文明优秀成果守护者、传承者与传播者的重要角色。作为博物馆教育与传播的核心媒介，陈列展览成为博物馆守护文化遗产、传承中华文明、讲好中国故事的关键工作。好的陈列展览离不开好的策展工作。策展是构建陈列展览的过程，是通过逻辑和观念的表达，阐释文物藏品的多元价值，构建公众与遗产之间的对话空间，激发广泛社会价值与文化价值的思维和组织活动。博物馆策展的理论与实践水平，很大程度决定了陈列展览的思想境界、文化内涵、艺术品位与传播影响。因此，博物馆策展的学术研究和业务能力建设是提高博物馆陈列展览工作业务水平和影响效果的重要途径；某种意义上，也是促进我国博物馆事业高质量发展的关键所在。

“中国博物馆陈列展览精品·策展笔记”丛书的出版，正是源于对上述问题的思考。作为我国博物馆行业发展的协调者与促进者，中国博物馆协会长期致力于博物馆展陈质量建设和策展能力提升。在持续不断的摸索和实践中，许多博物馆同仁建议我们依托“全国博物馆十大陈列展览精品推介活动”，围绕一批业内公认的具有较大影响力与鲜明特色的获奖展览项目，邀请策展团队，形成有关策展过程和方法的出版物。在不断的讨论中，我们逐渐明确：这种基于展览策划的出版物，显然不同于博物馆中常见的对于展览内容及重点文物介绍的“展览图录”，而更适合被称为“策展笔记”。

所谓“策展笔记”，一方面，要聚焦“策展”的行动内容，也就是要透过展览看幕后，核心内容是展览从无到有的建设过程，尤其要重点讲述展览选题、前期研究、团队组建、框架构思、展品组织、形式设定、艺术表达、布展制作等当代博物馆展览策划的核心流程及相关体会。另一方面，要突出“笔记”的内涵风格。如果与记录考古工作的过程、方法与认识的“考古报告”相类比的话，“策展笔记”则是对陈列展览的策展过程、方法与认识的重点记录。与此同时，作为与“随笔”“札记”等相似的“笔记”文体，也应带有比较强烈的主观性、灵活性和较高的自由度，宜以第一人称的口吻展开，重在呈现策展的心路历程与思考感悟，而不苛求内容体系的完整性与系统性；重在提炼策展的经验、理念、亮点，讲好值得分享的策展专业理论、专业精神、专业态度和专业手法等。我们相信，这样的“策展笔记”，不但可以作为文博行业了解我国文博系统优秀展览的“资料工具书”，也可以作为展陈从业者策展创新借鉴的“实践参考书”，还可以作为普通大众的“观展指南书”，帮助他们了解博物馆幕后工作，更好领略博物馆展陈之美。

从书第一辑收集了2019—2021年度全国博物馆十大陈列展览精品推介的代表性获奖项目，覆盖全国不同地域，涵盖考古、历史、革命纪念等不同类型。由于缺乏经验借鉴，加之展览类型的多元性、编写人员构成的差异性等，在撰稿与统稿过程中，我们遇到了远超预期的挑战。这些挑战包括但不限于：如何平衡丛书的整体风格与单册图书的个体特色；如何兼顾写作内容的专业性特质与写作表达的大众性要求；如何将策展实践中的“现象描述”转化为策展理念的“机制提炼”，充分体现策展的创新点和价值点；如何实现从“报告思维”向“叙事思维”的转型，生动讲述策展的动人细节；如何在分析个案内容的同时对行业的普遍性、典型问题进行有效回应，发挥好优秀展览的示范作用；如何解决多人撰写所产生的文风不统一问题，提高统稿工作的质量和效率；等等。幸运的是，在各馆撰稿团队的积极配合下，在专家的有力指导下，我们通过设定指导性原则、确定写作指南、优化统稿与编审机制等途径，一定程度克服了上述挑战难题，基本完成了预期目标。

这套丛书的问世，离不开撰稿人、专家和编辑的辛勤劳动。我们衷心感谢北京鲁迅博物馆（北京新文化运动纪念馆）、中国人民革命军事博物馆、山西博物院、吴中博物馆、扬州中国大运河博物馆、杭州市萧山跨湖桥遗址博物馆、山东博物馆、湖北省博物馆、盘龙城遗址博物院、成都武侯祠博物馆、陕西历史博物馆、秦始皇帝陵博物院、和田地区博物馆等博物馆策展团队撰稿人的精彩文本。同时，我们衷心感谢南京博物院理事长、名誉院长龚良，复旦大学文物与博物馆学系主任陆建松，浙江大学艺术与考古学院教授严建强，北京大学考古文博学院教授宋向光，上海大学现代城市展陈设计研究院执行院长李黎，西安国家版本馆（中国国家版本馆西安分馆）副馆长董理，清华大学美术学院副教授李德庚等多位学者、专家的认真审读与宝贵的修改建议。感谢浙江大学出版社董事长、党委书记、总编辑褚超孚，以及社科出版中心编辑团队的细致审校和精心编辑，他们的工作为丛书的顺利出版提供了坚实的保障。浙江大学艺术与考古学院“百人计划”研究员毛若寒博士在这套丛书的方案策划、组织联络、出版推进等方面，用力尤勤，付出良多。此外，还有许多在本丛书筹划、编辑、出版过程中给予帮助的专家、老师，无法一一列举，在此谨对以上所有人员致以最真挚的感谢和敬意。

严建强教授在一次咨询会上曾对这套丛书给过一个很高的评价，认为它是当代博物馆专业化建设的一个重要的里程碑。对于这个赞誉，我们其实是有点愧不敢当的。我们很清楚，丛书第一辑的整体质量还有待提升，离“里程碑”的高度存在一定差距。但通过第一辑的编辑出版，我们为接下来的第二辑、第三辑的编写积累了经验、增强了信心。今后，我们会继续紧扣“策展笔记”作为“资料工具书”“实践参考书”与“观展指南书”的核心功能定位，继续深化对于博物馆展览策展笔记的属性、目标、功能、内涵、形式等方面的认知，努力通过策展笔记的编写，带动全行业策展工作专业水平的整体提升。这虽然是一件具体的事情，但对构建博物馆传承与展示中华文化的策展理论体系和实践创新体系，推动博物馆守护好、展示好、传承好中华文明优秀成果，为博物馆事业的高质量发展、为建设社会主义文化强国不断做出新贡献，是很有积极意义的。我们相信，有全国博物馆工作者的积极参与，我们一定能把这套丛书做得更好，做成中国博物馆领域的著名品牌。

是为序。

刘曙光
中国博物馆协会理事长
2023 年 8 月

## 第二辑赘言

自“中国博物馆陈列展览精品·策展笔记”第一辑问世以来，我听到了文博业界及学术圈同仁们不少的夸奖。一些博物馆展陈从业人员自发撰写评论，从实操与理论等层面解读策展理念，提炼专业经验。浙江大学、陕西师范大学等高校将其纳入教学过程，作为培育新一代策展人的学习资料，凸显了“策展笔记”的教育价值。微信读书以及各类新媒体平台的留言体现出“策展笔记”已成为广大观众理解博物馆策展艺术、深化观展体验的“新窗口”，拉近了公众与博物馆文化的距离。不少读者热情高涨，纷纷点赞并留下评论，将之视为“观展宝典”。

读者的肯定，是我们编辑出版“策展笔记”的最大动力。在 2023 年 11 月第一辑刚发行之时，第二辑也进入了紧锣密鼓的撰写阶段。基于前期积累，第二辑在保持原有特色的同时，力求策展写作内容深度与广度的双提升，旨在展现中国博物馆策展实践的多元视角与前沿动态。

江西省博物馆的“寻·虎——小鸟虎儿童主题展”，作为“策展笔记”第一例儿童主题展览，深刻揭示了策展人对儿童心理与行为特征的敏锐洞察，彰显了博物馆对儿童受众的关怀与重视，映衬出博物馆服务理念的革新与拓展。上海天文馆的“连接人和宇宙”基本陈列作为自然科学类展览在丛书中首次呈现，极大地丰富了“策展笔记”的题材与内涵。广东省博物馆的“焦点：18—19 世纪中西方视觉艺术的调适”，是粤港澳大湾区首屈一指的外销画专题展览，荣获“十大精品推介”之“国际及港澳台合作奖”，反映出中国博物馆策展的国际视野，亦是出入境展览在“策展笔记”中的初次亮相。值得一提的是，我们特别收录了虽未参与“十大精品推介”但承载着深厚文化内涵与当代价值、在故宫博物院举办的“何以中国”展览。我们认为，独特的时代性、典型性与代表性，使其成为不可多得的策展典范；我们坚信，其策展智慧值得广泛传播与深入探讨。

在“导览”篇章，“策展笔记”第二辑更加注重构建“策展人导览观展”的沉浸式氛围。例如，上海天文馆的策展笔记立足科普导游与创意巧思，构建出令人心驰神往的宇宙奇景，极大提升了读者的参与感与体验度。“策展”篇章的解析深度与广度也有所提升，体现出更加强烈的问题意识，在撰写个案的同时探讨普遍性议题。如“何以中国”的策展笔记首次提出了“展览观”的命题，深入剖析展览背后的策展理念与文化价值，启发策展人对展览本质的再思考。同时，第二辑还加大了对展览“二次研究”和“学理解析”的力度，对策展相关的“叙事”“阐释”“符号”等现象进行了学理上的深入探究，将理论成果融入策展实践，进一步提升了展览的学术性和专业度。

技术细节的呈现成为“策展笔记”第二辑的另一大亮点。如对陕西考古博物馆的“考古圣地华章陕西”主展标设计过程的全揭秘，不仅展现了策展团队的匠心独运，也让读者对展览背后的专业技术支撑有了更直观的认识。

最后，第二辑在观展与策展之间建立了更紧密的联系。在“观展”篇章，不少书稿引入观众报告，让策展工作更贴近观众需求，提升了展览的互动性与社会影响力，折射出了策展与观众的双向赋能。

“策展笔记”第二辑依然集结了一支由撰稿人、专家与编辑组成的优秀团队。在此，我们向故宫博物院、辽宁省博物馆、上海天文馆、苏州博物馆、浙江省博物馆、杭州市临平博物馆、江西省博物馆、郑州商代都城遗址博物院、广东省博物馆、中山市博物馆、广西壮族自治区博物馆、四川博物院、陕西考古博物馆等多家博物馆的策展团队贡献的精彩文本表示由衷感谢。同时，还要继续感谢南京博物院理事长、名誉院长龚良，复旦大学文物与博物馆学系主任陆建松，浙江大学艺术与考古学院教授严建强，北京大学考古文博学院教授宋向光，上海大学现代城市展陈设计研究院执行院长李黎，西安国家版本馆副馆长董理，清华大学科学博物馆（筹）高级顾问杨玲等专家学者，他们的专业审读和中肯建议对提升“策展笔记”内容质量起到了关键作用。我们还要向浙江大学出版社董事长、党委书记、总编辑褚超孚，副总经理张琛，社科出版中心编辑团队及所有参与的工作人员致敬，他们一丝不苟的工作态度与精益求精的专业精神，确保了“策展笔记”第二辑的高质量出版。我还要特别鸣谢今天在浙江大学艺术与考古学院任“百人计划”研究员的毛若寒博士。作为执行主编，他不仅协助我延续并深化了策展笔记的体例，更以其富有朝气的学术洞察力推动了丛书品质的进一步提升。此外，还有许多未被逐一提及的专家和同仁，他们的辛勤工作和专业精神对整个编撰项目至关重要，我对他们表示由衷的感谢和敬意。

“策展笔记”如同一扇开启多元视野的窗，亦如聚焦万象的镜头，第二辑尤为如此。它不仅展现了中国博物馆展览生态的丰富多样，更深刻揭示了策展实践背后的创新思维与理论深度。从第一辑至第二辑，这套丛书见证了中国博物馆策展领域的进步，每一页笔记都凝结着策展人对新时代博物馆的角色与功能的深邃思考。这一历程不仅是策展理念革新的实录，亦是中国博物馆人敢于探索、勇于创新精神的鲜活体现。展望未来，我们将秉持“讲好中国故事”的初心，以“策展笔记”为桥梁，不断深化对新时代博物馆使命的理解与实践，致力于通过精品展览传承中华优秀传统文化，弘扬革命文化，发展社会主义先进文化，为建设社会主义文化强国、推进中国式现代化贡献博物馆的力量。

刘曙光

2024 年 8 月

# 目录

# 连接人和宇宙

Connecting People to the Universe

# 引言

## 建设国际顶级天文馆

## 一、上海期盼，数十载夙愿

德国哲学家康德说过：“有两种东西，我们愈经常愈持久地加以思索，它们就愈使心灵充满日新月异、有加无已的景仰和敬畏：在我之上的星空和居我心中的道德法则。”天人合一，更是中国自古以来哲学思考的核心。从中国考古学家在山西襄汾陶寺古城遗址发现的距今4000多年、中国最早的观象台遗址，到公元13世纪，元代天文学家郭守敬建立登封古观象台进行大地天文测量；从100多年前中国天文学会正式诞生，到今天的“悟空号”升空探索暗物质、嫦娥五号月球挖土。从古至今，中国人从未失去过对浩瀚星空的好奇和兴趣，从未停止过对宇宙奥秘的思考和探索。

天文馆是一种十分特别的科普场馆，它以特殊的技术手段再现深邃的星空，展示神秘的宇宙，激起每一个人对星空和宇宙的敬重，思考天与人的关系。1923年8月，卡尔·蔡司公司的设计师瓦尔德·鲍尔斯菲尔德（Walther Bauersfeld）受德意志博物馆创始人奥斯卡·冯·米勒（Oskar von Miller）的委托，经过十年努力，成功研制了世界上第一台星体投影仪（Model I），它将美丽的星象成功地投射在了蔡司公司耶拿工厂直径16米的球顶内部，被称为“耶拿的奇迹”（Wonder of Jena）。1925年5月7日，这一天象仪在德国慕尼黑的德意志博物馆首次公演，从此将人造的灿烂星光带给人间，帮助人类更好地思考宇宙的奥秘。正是这一事件标志着天文馆的诞生，迄今已近百年。

1957年9月29日，北京诞生了中国第一座天文馆，这也是亚洲大陆上的第一座大型天文馆。周恩来、刘少奇、朱德、陈毅等党和国家领导人都曾先后来到北京天文馆仰望星空，了解宇宙奥秘。北京天文馆以天文科普节目放映为核心，辅以天文展览、天文观测等项目，迅速成为传播天文知识的重要阵地，广受社会好评。2004 年 12 月，北京天文馆新馆对外开放，增建了数字球幕影院，扩展了展示面积，引进了更多先进的星空展示手段，再一次开启了天文馆发展的新时代。

作为国际化大都市，上海自然也希望拥有一个与城市地位相匹配的天文馆，全国的天文工作者也都盼望中国能再造几座更大、更好的天文馆，使得全国各地的民众都拥有探索宇宙奥秘的条件。这样一个梦想，其实早在 20 世纪 70 年代就已经萌生了，当时的中国政府已经制订在上海等地建设天文馆的计划，甚至组建了建设团队，然而最终却因各方面条件的限制而未能实现。1990 年 1 月，谢希德、谈家桢、翁史烈和叶叔华四位院士再次提议建设上海天文馆。然而好事多磨，上海天文馆之梦始终未能付诸实践，只有 2001 年建成开放的上海科技馆以三馆合一的方式涵盖了部分天文科普内容。

2009 年 7 月，数百年一遇的“长江大日食”在全国各地掀起了一次天文科普的热潮，作为日食最佳观测点之一的上海也同样备受万众瞩目，上海天文台的科普团队在上海开展了大规模的日全食科普活动和科普宣传。虽然 7 月 22 日日全食当天上海阴雨，人们并未直接看到日全食的壮丽景象，但是所有人仍然能感受到白昼突然陷入漆黑状态的大自然之威力。占据全市各种媒体主要版面的天文科普宣传几乎达到了尽人皆知的状态，也创造了天文科普宣传的新高度。就是在这样一种天文科普大热潮的背景下，上海天文台的科普团队再次萌生了上海应该拥有一个大型天文馆的梦想。

2010 年 7 月，全球瞩目、人潮涌动的上海世博会正在火热进行，中国科学院上海天文台原台长、著名天文学家叶叔华院士（图 1-1）再次想到了天文馆，她从战略思维高度将世博园与天文馆结合在一起思考：庞大的世博园在闭园之后如何更好地发挥其服务城市的功能？有无可能让一个先进的天文馆在世博园里安家？

叶叔华院士召集上海天文台的科普团队进行了仔细的讨论研究，共同确认了在

图1-1 叶叔华院士

上海建设大型天文馆的重要意义。叶叔华院士正式给上海市政府写信，再次倡议建设上海天文馆。她在倡议中提道："21 世纪，深空探测将成为各国科技竞赛场，而我国在深空探测、科学卫星乃至独家的空间实验室建设等领域均进行了重点科研探索，市民及青少年须有这方面的新知。兴建上海天文馆，对广大市民进行天文科学知识普及推广，补充青少年天文科学方面的非正规教育，并使其成为上海又一科技人文景观，休闲之余有所学得，更相得益彰。"

叶叔华院士的建议很快就得到了上海市委、市政府的关注和支持，时任市委书记俞正声、市长韩正批示，请上海市发展和改革委员会（简称上海市发改委）、上海市科学技术委员会（简称上海市科委）等部门组织调研。2012年2月，上海市科委副主任兼上海科技馆党委书记陈鸣波同志在春节拜访叶叔华院士之后，了解到老一辈科学家们对于建设天文馆的渴望，决定由上海科技馆来接过这个实现梦想的接力棒。在他的多方努力和有效推动之下，经过了广泛调研和听取各方意见，上海市政府决定将建设天文馆的重任托付给上海科普的旗舰单位——上海科技馆，以实现建设上海科技馆、上海自然博物馆和上海天文馆“三馆集群”的建设目标，同时要求中国科学院上海天文台提供专业支持。

## 二、精心选址，滴水湖问天

接到建设任务后，上海科技馆快速组建了上海天文馆（上海科技馆分馆）筹建小组（简称筹建小组），针对天文馆的建设目标、建设规模、建设选址等问题开展先期调研和筹备工作。根据叶叔华院士的倡议，上海天文馆的首选地点自然是世博园，可惜筹建小组在调研考察之后被告知，该园区早已进行了后期规划，天文馆要落户其中已经很难寻找一个恰当的地点。为此，上海市发改委、上海市科委等政府部门热心帮助，又推荐了四处候选场所，分别是青浦区的东方绿舟青少年活动基地、松江区的佘山国家旅游度假区、闵行区浦江镇的航天博物馆原候选地，以及浦东新区的临港新城。

筹建小组分别对这四处候选地进行了长达一年的考察了解和慎重比较。前三个候选地各有其优势特点，例如，东方绿舟是上海市教育委员会（简称上海市教委）

的青少年活动基地，是对全市青少年进行科普教育最好的场所之一，同时靠近苏州，也适合长三角各地的游客来往；松江佘山地区则是上海天文台佘山观测基地之所在，拥有深厚的天文历史和天文科研基础，上海天文馆可以和上海天文台的科研基地融为一体，打造一个标志性的天文科研科普园区；而落户浦江镇则可以与计划中的上海航天博物馆联合，形成一个兼顾天文和航天的大型太空馆。然而这三个地点的利用又各有困难，而且同样都存在转变土地使用性质需要较复杂和漫长审核流程的问题。

相比之下，浦东新区的临港新城还只是一片刚刚处于建设萌芽期的土地，而且距离市区 70 公里以上，地处偏远，人口稀少，各种配套设施都很缺乏，当时作为先锋进入此地的大型场馆只有中国航海博物馆。因此，在当时的选址比较中，临港新城并不被看好，它唯一的优势就是因为远离市区，相对拥有较好的天文观测条件，是上海陆地上唯一仍然可以看见银河的地方。然而，天文馆作为科普场馆，天文观测条件并非最核心的要素。

面对筹建小组的犹豫，浦东新区政府方面极力推荐临港新城这个候选地点，他们指出，这里是未来上海经济发展的新热点，正在规划为新时代的又一个“陆家嘴”，而在这样一片蓬勃发展的土地上部署一个重量级的文化地标，对于上海未来的社会发展大局具有重要的战略意义。临港新城管委会也以极大的热情邀请筹建小组多次前往考察。他们的诚意打动了筹建小组，而临港地区日后的发展也证明了这个选择的前瞻性。

就在上海天文馆候选地的旁边，是一个拥有着梦一样名字的湖泊——滴水湖。这是人工填海的奇迹，20 多年前，这里还是海波荡漾的地方，如今却被建设成了一个别具一格的巨大正圆形人工湖。按照临港新城规划设计的理念：天上落下了一滴水，水滴成了湖，湖面涟漪向外扩散。于是形成一圈一圈的环湖道路，造就了一座新城。这个湖，就是滴水湖；这座城，就是临港新城。上海将把它建设成举世瞩目的国家级自由贸易试验新片区，并在这里寄托建设国际大都市的新豪情。

2012 年 8 月 14 日，叶叔华院士应邀亲自来到滴水湖畔的临港新城，听取了管委会同志关于临港新城未来发展前景和天文馆筹建工作的汇报，了解了临港新城建设者们对于未来发展的美好憧憬和对于天文馆建设项目的迫切渴望。叶叔华院士总结了临港新城承担天文馆项目的三个重要优势：（1）临港新城的未来发展无可限量，在这里建设天文馆符合上海市的发展格局和战略部署；（2）临港新城管委会的同志满怀热情、诚意和办大事的信念，同时也展现了强大的工作魄力，将成为天文馆工程建设最重要的支撑力量；（3）临港地区夜空条件好，而且拥有很多野外空地，十分适合天文爱好者夜间观星，对于天文馆开展科普教育活动也具有锦上添花的重要意义。作为天文馆项目的倡议者，叶叔华院士对临港新城的肯定为此地最终成为上海天文馆的选址定下了基调。

筹建小组对四个候选地点进行了详细的实地考察和研究讨论，经过慎重的比较，并听取了专家与公众的意见后，在上海市发改委、上海市科委的关心和指导下，最终决定上海天文馆落户于上海浦东新区的临港新城，位于地铁 16 号线滴水湖站北侧、紧挨环湖北三路的城市公园区域内（图 1-2）。

一座引领人们探究宇宙真相、追寻天文梦想的世界最大天文馆最终选址于东海之滨——中国改革开放的前沿阵地，上海自由贸易试验区临港新片区。就在这片建设科创之城的土地上，上海天文馆将成为一个新地标。这座天文馆，不仅承担着面向上海的科普责任，更将承担起面向整个长三角乃至全国的天文科普重任。上海市政府一开始就赋予了它建设世界顶级天文馆的使命，要求它能展现全新的展示理念，引领下一代天文馆的发展方向，真正做到业界领先、百姓喜爱；希望来馆的观众都能惊叹于宇宙的神秘，产生对宇宙的好奇、对星空的迷恋和对自然的敬畏，并从中真正体会到科学的意义。

经过一年多的调研考察，筹建小组形成了上海天文馆项目建议书并向上海市政府申报，上海天文馆（上海科技馆分馆）建设项目终于在 2014 年 1 月正式获得批

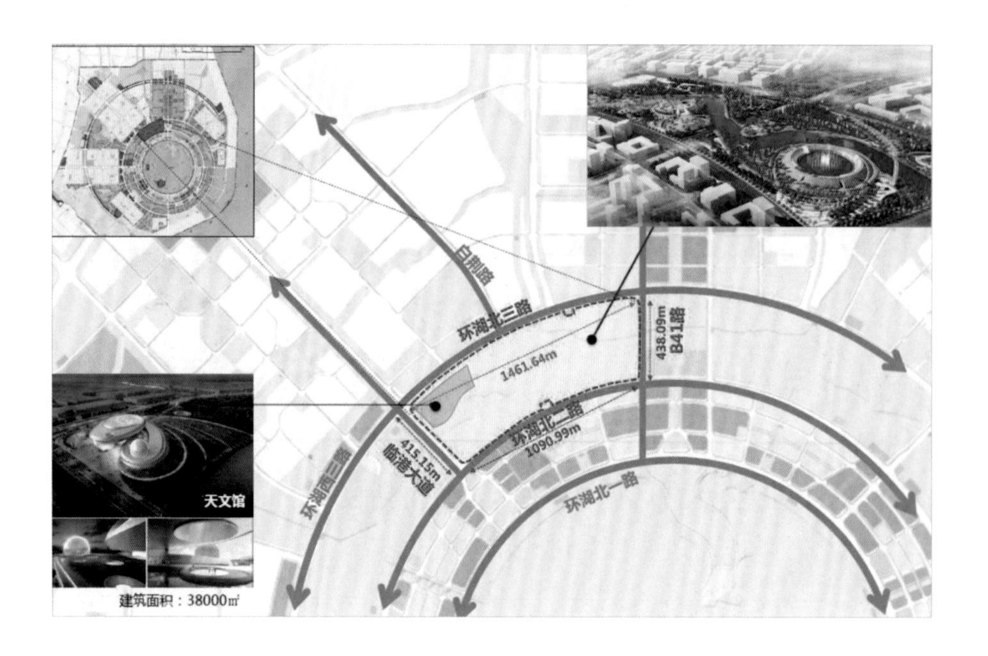


图1-2　上海天文馆选址区域

复立项，选址于中国（上海）自由贸易试验区临港新片区滴水湖北侧，占地面积 5.86 万平方米，建筑面积 3.8 万平方米，在建筑规模上已然成为世界最大的天文馆。

## 三、广泛调研，定建设目标

上海要建设一座什么样的天文馆？怎样才是公众喜爱的天文馆？我们承担的使命是什么？我们未来的愿景又是什么？这些摆在建设团队面前的问题，也是上海天文馆建设之初必须明确的问题。筹建小组于 2012 年 3 月成立后的首要任务，第一是选址，第二就是开展广泛的调研，确定建设目标。

筹建小组充分认识到，要明确建设目标，首先要对全世界范围内的天文馆行业进行调研分析，吸取值得参考的部分，明确需要提升的方面；同时，天文馆的建设离不开专业天文机构和天文科普组织的支持，需要经过行业专家的高水平论证并积极听取他们的建议；此外，上海天文馆能否受到公众的喜爱也将是其成功与否的重要指标，天文馆的建设者更应该听取公众的心声，了解怎样的天文馆才是大家所喜爱的天文馆。为此，我们陆续开展了针对以上三个方面的广泛调研。

第一，行业调研。筹建小组以资料收集和实地调研的形式了解国内外著名天文馆的展览特点和技术优势。先后完成了近百家国内外天文馆的网络资料调研，并对其七大系统（基本馆情、内容体系、展示规模、展示技术、影院体系、观测体系、藏品体系）进行了对比分析。先后实地考察了包括美国格里菲斯天文台、芝加哥阿德勒天文馆、纽约海登天文馆、夏威夷艾米洛天文中心，德国汉堡天文馆、德意志博物馆、欧南台超新星天文馆，英国伦敦格林尼治天文台、莱斯特国家航天中心，丹麦第谷·布拉赫天文馆，波兰哥白尼科学中心，日本名古屋市科学馆、日本科学未来馆，以及中国的香港太空馆、澳门科学馆、台北市立天文科学教育馆等在内的在国际上享有盛誉的天文馆和天文科普教育机构。通过行业调研，筹建小组发现这些天文馆大部分建设时间较早且相对传统，它们大多数以天象演示为核心，辅以少量展览和教育活动，无论是规模还是对公众的影响力都非常有限。当然，我们从传统天文馆中也学习到很多经验，对上海天文馆未来的努力方向有了进一步的思考。

第二，专家调研。2012 年 3 月 18 日，筹建小组召开了第一次高水平的专家咨询会，与会专家有中国科学院院士叶叔华、方成，中国工程院院士朱能鸿，上海天文台原台长赵君亮、党委书记陆晓峰，上海市天文学会理事长侯金良，北京天文馆创始元老李元、馆长朱进，著名天文科普专家卞毓麟，以及来自上海市发改委、上海市科委、上海市教委、上海市旅游局、华东师范大学、上海世博集团、上海现代建筑设计集团等的领导和各个领域的专家，大家畅所欲言，从各自角度提出了对天文馆的殷切期望，也分享了许多历史上出现过的经验和教训，这一次咨询会奠定了上海天文馆未来发展的思想基础。

叶叔华院士在总结中满怀深情地说："我们天文界都是互相支持的，总希望中国能有好东西，特别是上海能有一个对得起大都市地位的好场馆。不论你们用什么办法，我总相信科技馆有力量、有办法，天文台也总是会尽我们的力量去帮助它，使它成为世界上最好的天文馆。"

第三，公众调研。筹建小组委托专业的咨询机构应用专业手段开展了调研咨询工作。调研对象共 1080 人，其中科技馆观众和其他普通公众各半，调研对象的选择尽可能在地区、年龄、学历、行业等方面都均匀分布。我们希望能够涵盖各种知识层次的公众，同时特别安排了一个天文爱好者群体参与调研。根据调研结果形成了《上海天文馆公众征询调查研究报告》，基本结论包括：

一是青少年基础教育体系和社会媒体传播渠道都普遍缺少天文科学的相关内容，因此公众对天文学和天文馆都缺少认知，天文科学素养水平较低，充分说明了建设天文馆的必要性和紧迫性。

二是关于公众前往天文馆的目的，65% 的调研对象选择"休闲 / 周末度假"，因此天文馆的设计应充分注重知识性与娱乐性相结合，满足公众多样化的参观需求。

三是展示内容与形式应注重理论经典与现代高新科技相结合，高度重视互动体验，特别要充分应用天文观测手段。

天文馆应保持可持续的吸引力，具有很强的知识更新能力，要拥有一支强大的科普教育团队，组织天文爱好者一同参与科普教育活动。

同时，筹建小组自身也积极开展了各种形式的调研和咨询，包括多次组织上海市天文学会理事会，以及与天文爱好者进行座谈，更多地了解专业领域和业余爱好者群体对天文馆的需求。

经过广泛的调研工作，筹建小组对于建设一个怎样的天文馆有了更为深入的思考，并逐渐形成了上海天文馆的建馆愿景、使命和目标。

——愿景（vission）：塑造完整的宇宙观。

——使命（mission）：激发公众的好奇心，鼓励人们感受星空，理解宇宙，思考未来。

——目标（object）：建设一座世界一流的集科普教育、科学研究、藏品收藏、休闲旅游等功能于一体的综合性天文主题科普场馆。

这些高度浓缩的文字体现了筹建小组关于如何建设上海天文馆的深度思考，也对场馆后续的建设制定了明确的指导原则。在此基础上，上海科技馆于 2013 年 6 月正式向上海市科委提交了《上海天文馆建设工程项目建议书》，对上海天文馆的建设定位、项目选址、预期目标等进行了全面阐述，并在 2014 年 1 月正式获得了上海市政府的立项批复。

## 四、对标顶级，集全球智慧

上海市政府对上海天文馆的建设标准提出了“建设国际顶级天文馆”的宏大目标。对于年轻的筹建小组而言，这个目标无疑是一个空前的挑战，它甚至已经超越了我们早先自我设定的“国际一流”的要求。显然，上海市政府给了我们一个建设世界最大天文馆的机会，同时也殷切地期盼我们能够在世界天文馆行业中起到引领作用。

为此，作为建设单位的上海科技馆十分重视，着手组建建设团队，于 2013 年 11 月成立上海天文馆（上海科技馆分馆）建设指挥部。建设指挥部由上海科技馆主要领导任领导组组长，分管副馆长任总指挥；下设建安部、展示部和综合部，由富有建设经验的处级干部和技术骨干担任部长和副部长。从最初的三人筹建小组，通过全馆抽调、人才引进、社会招聘相结合，发展到建设高峰期的 30 余人组成的建设指挥部，不仅统筹协调和推动整体项目建设工作，还深入需求分析、内容研究、策展规划、方案设计、技术指导、运营方案制定等一系列工作，既是最辛苦的甲方，也是最专业的甲方。

怎样的天文馆才算是顶级天文馆？为了回答这个问题，刚刚成立的建设指挥部立即着手进行两项重要工作。其一是再次进行世界一流天文馆的对标调研，找出世界级天文馆的优点和特点，研究我们怎样才能达到甚至超越它们。其二是组织建筑方案和展示方案的国际征集活动。

在对标国际天文馆的再调研过程中，建设指挥部的展示部重新梳理了以往获得的世界各大天文馆的有关信息，从建筑特色、科学内容、展示形式、藏品质量、研究水准、观测设备、教育特点等多个维度进行了对标分析。大家意识到，只要充分利用好建设资金和社会资源，通过先进的建设理念实践、精心的创意设计，在建筑、展示和教育等各方面超越国内外已有天文馆是有可能的；收藏和研究需要长时间的积累，要在短时间内实现超越引领不太现实，但是经过努力，形成我们自己的特色、赢得业界的认可也并非不可能。

为了获得真正国际一流的设计方案，建设指挥部充分意识到外力支援和国际视野的重要性。我们通过场馆调研已经大致了解了国际天文馆的技术水平和特色，但要去实现甚至超越它们，就需要更充分了解具有国际水准的建筑设计和展览设计公司的实力、水平和特点。为此，2013 年底，建设指挥部启动了建筑方案和展示方案国际征集活动。

在方案国际征集活动中，我们邀请了国内外对天文馆建设有兴趣的知名企业参与，考察各个设计公司对优秀天文馆建设的理解，以及它们的专业能力，同时也希望借此机会产生一些概念设计的亮点，为日后进行真正的建筑和展示设计奠定一个扎实的基础。征集活动分为建筑和展示两大部分，分别设定了一、二、三等奖共 6 个名额并给予一定的奖励。征集活动于 2013 年 11 月正式开始，2014 年 4 月完成竞赛评审工作。国内外众多知名设计公司都踊跃参加了这次征集活动。

建筑方案的征集活动吸引了 5 家国内设计公司和 19 家国外设计公司报名，经资格审查筛选后，有 2 家国内设计公司和 4 家国外设计公司获得竞赛资格，它们分别是：中国建筑设计研究院、同济大学建筑设计研究院、法国萨雷亚（Sarea）建筑事务所、日本矶崎新工作室、美国帕金斯威尔（Perkins & Will）建筑设计咨询有限公司、美国艺艾德（Ennead）建筑事务所。每一家公司都提供了精彩的建筑设计作品，充分展现了天文馆的魅力和各种建筑新技术的应用，经过由郑时龄院士领衔的包含建筑和天文领域共 9 位专家的专家委员会严格细致的审核比较，美国艺艾德建筑事务所的设计方案获得第一名。该方案巧妙地在建筑中运用了众多天文概念，如三体运动、时间机器、引力、轨道等，整体设计既大气又带有科幻色彩，而且十分符合公众对天文馆的形象理解，获得了专家们的一致好评。

展示方案的征集活动同样吸引了国内外 20 多家展览设计公司报名，经资格审查筛选后有7家国内公司和6家国外公司获准参与并提交了设计方案，这些方案均是在整个天文馆尚不存在真实建筑形态的情况下进行的概念创作，因此比拼的是创意能力、设计理念和表达能力。最终经过由方成院士领衔的天文、建筑、展览设计领域共11名专家组成的评审组的认真评审，美国RAA（Ralph Appelbaum Associates）公司、上海飞来飞去展览设计工程有限公司、英国HKD（Houghton Kneale Design）公司、英国MET（MET Studio Design）公司、上海美术设计有限公司、美国西屋展览设计（West Office Exhibition Design）公司分获了奖项。这些公司都在竞争中展现了优秀的创意设计能力，为未来天文馆的构想做出了积极的贡献。

通过面向全世界的广泛而扎实的调研，以及激情碰撞的方案征集活动，建设指挥部对设计和建设一个符合国际一流水准的顶级天文馆逐渐拥有了信心。为此，上海科技馆时任党委书记、上海天文馆建设领导组组长王莲华给建设指挥部提出了“聚力攻坚、同心干事，建设国际顶级天文馆”的奋斗口号，这句口号伴随着天文馆建设的全过程，成为每一个天文馆建设者的精神激励和努力目标。

## 五、十年一剑，天文馆圆梦

在建筑和展示方案国际征集之后，上海天文馆的整体建设工作就进入了全力加速阶段。建安工程在方案国际征集后历经设计阶段和施工阶段，自2016年9月正式开工建设，至2019年9月竣工验收。

展示工程在上海市科委的支持下，于 2015 年成功申报了“上海天文馆展示工程关键技术预研”重大研究课题，分别对一米望远镜、太阳塔等两项重量级设备，以及天文大数据可视化、智慧天文馆建设和未来天文馆观众体验等五个方向展开了深入研究，所取得的成果为后续项目建设奠定了扎实基础。

在结合了方案国际征集亮点、预研课题研究成果、各界专家指导意见的基础上，展示团队先后形成了 10 个阶段性方案修改版，并最终于 2015 年 9 月形成《上海天文馆展示方案 4.3 版》。在展示方案从最初构思到最终成稿的数年过程中，展示团队从一个只有 3 人的小分队扩展成了 20 多人的分工齐全、持续壮大的专业队伍。方案在一轮又一轮的修改优化、自我颠覆、重新出发的循环中不断成熟，展示团队也在不断的思考中逐渐明确了天文馆的策展理念和设计原则。

我们认为，上海天文馆的建设拥有得天独厚的天时、地利、人和，这决定了我们完全有条件也必须超越传统天文馆的模式，不再局限在以天象厅或球幕影院为核心的格局中，而是要创造一座全新的、具有国际领先水平的、引领国内外行业发展的天文馆。它应该拥有完整的系统的天文科学内容架构，从而满足孩子们对宇宙的好奇，激发更多人对天文的兴趣，帮助公众建立科学的宇宙观，成为连接人与宇宙的桥梁；它应该拥有多元化的展示形式和高科技手段，营造出人们在城市中无法看到的真实、美丽、震撼的星空；它应该应用最先进的数字化智慧化技术，为每一位观众提供人性化和个性化的服务；它必须能够充分展示星空之美和科学之美，不但给人以知识的滋养，而且要让人沉醉在美的熏陶中，让人们更加珍爱我们所赖以生存的家园，建立与天地自然更为深厚的情感联系。

这些思考、理念和原则，都融入了我们的展示方案，形成指导后续工作的纲领性文件。而为了确保展示方案的科学性、权威性和引领性，团队又先后组织了七次各界专家咨询会和一次专家评审会，专门针对展示方案，广泛听取专家、同行和观众的意见，充分凝聚智慧，反复深化和优化，为上海天文馆展示工程可行性研究申报做好充分准备。

2016年2月，上海天文馆展示工程可行性研究正式被批复下达，建设资金为5.38亿元。2017年10月，展示工程整体规划设计正式启动，历经近两年，于2019年9月完成设计工作，10余个设计专项、5000多页图纸为后续深化设计奠定了基础。从2018年至2020年，展示部陆续开展装饰布展总包、数十个展品展项项目、配套系统工程项目的设计和施工工作，以及标本藏品的采购与征集。2019年9月，展示工程总包单位招标完成，同年11月，展示工程进场施工。在全体建设者的共同努力和众多专家学者的关心支持下，上海天文馆展示工程建设克服了各种困难和挑战，先后完成深化设计、场外制作、现场施工和安装调试，于2021年7月全面完成建设任务和开馆筹备工作。

2021年7月17日，上海天文馆（上海科技馆分馆）举办了开馆仪式（图1-3），上海市委副书记、市长龚正出席，并与国家航天局副局长吴艳华，上海市副市长吴清，上海市常委、临港新片区党工委书记朱芝松，以及中国科学院院士叶叔华一起启动了“宇宙之眼”开馆装置，包括国内各大天文机构领导和知名科学家在内的100余位嘉宾参加了开馆仪式。从2010年7月叶叔华院士写信倡议建设天文馆算起，至2021年7月上海天文馆完成建设工程，历经十年有余，一座国际顶级的天文科普场馆终于落成于上海临港的滴水湖畔，天文科学工作者和社会各界的夙愿终成。

上海天文馆在建设过程中始终受到各国天文台和天文馆同行的高度关注，虽然部分国外同行无法亲临开馆现场，但都通过视频方式发来了热情的“云祝贺”，包括戴维·格罗斯（David Gross）、迪迪埃·奎洛兹（Didier Queloz）、亚当·里斯（Adam Riess）等三位诺贝尔奖得主，德国汉堡天文馆馆长托马斯·克劳普（Thomas Kraupe）、美国NASA科学可视化研究部部长马克·苏巴劳（Mark Subbarao）、美国格里菲斯天文台台长埃德温·克鲁普（Edwin Krupp）、美国国家光学－红外天文研究实验室科普教育部主任拉尔斯·林德伯格·克里斯滕森（Lars Lindberg Christensen）等四位国外天

图1-3　上海天文馆（上海科技馆分馆）开馆仪式

文科普名人。

2021 年 7 月 18 日，上海天文馆正式向公众开放，当天就超越上海科技馆和上海自然博物馆，创下了 15 万人参与网上预约系统抢票的新纪录，并在此后长期保持一票难求的状态。开馆三年多以来，即使在新冠疫情影响下，累计进馆人数仍已超过 255 万（统计截至 2024 年 6 月 30 日），俨然成为上海最火爆的文旅场馆新热点。2023 年 6 月以来，上海天文馆再次出现了周末和非周末无差别、每天开票均“秒光”的状态。一个科普场馆，能够长时期保持热度，并得到公众和业界的普遍赞誉，这在世界天文馆的发展史上也堪称奇迹了。这充分反映了公众对天文科学知识的渴求，也是对上海天文馆达到国际顶级建设水准的最好证明。

# 连接人和宇宙

## Connecting People to the Universe

# 导览

宇宙最不可理解之处　就在于它是可以被理解的

根据场馆功能、顶层规划和建筑空间条件，上海天文馆承担展示教育功能的区域可以归纳为“3+3+X”，即三个主展区、三个特色展区和若干主题展示教育活动区。其中，主展区和特色展区均为常设展览：主展区包含“家园”“宇宙”“征程”三个展区，以相对完整的叙事逻辑呈现最主体的展示内容；特展区包含“中华问天”“好奇星球”“航向火星”，分别从不同的角度呈现富有特色的专题展示内容。接下来，本章将带领你参观上海天文馆的常设展览。

## 一、主展区

进入天文馆后，首先映入眼帘的是中庭大厅倒转穹顶下方的傅科摆装置（图2-1）。高雅的黑色大理石台面上方悬挂着采用镜面不锈钢制作的金属球体，它通过长长的钢索固定于屋顶的钢结构上，并随着地球的自转而摆动。金属球体的周围立着一圈不锈钢柱。作为地球自转效应的体现，傅科摆的摆动平面会缓慢地沿顺时针方向转动，每隔几分钟，球体就会依次击倒一根立柱，发出悦

图2-1　中庭大厅的傅科摆

耳的“叮”声。正是借助这个 170 多年前由法国科学家傅科设计的科学装置，人类第一次巧妙地证明了地球在自转。

随后进入由“家园”“宇宙”“征程”三大部分连贯而成的主展区。通过精心设计的环境氛围、灯光音效和场景模拟，我们构建宏大的沉浸式空间体验环境，展现太阳系及银河系的奥秘、宇宙的运行法则，以及人类探索宇宙的历程，帮助你形成对现代宇宙观的完整理解。三大展区既相对独立，又浑然一体，遵从“从感知到认知、从现象到本质、从科学到人文”的设计，形成一个完整的逻辑线，使你在参观过程中逐渐加深对宇宙的理解，感悟科学的力量。

## （一）家园——我们在宇宙何方

步入“家园”展厅，穿过神秘的星空隧道，你将被满天的繁星所震撼，仿佛置身浩瀚宇宙，漫步于太空。“家园”展区分为“仰望星空”“日、地、月”“太阳系”“银河画卷”四个主题区，我们以星空为切入点，营造一种神秘而壮丽的视觉感受。展区从远古的神话故事开始，让你仰望久违了的璀璨星空，从熟知的日、地、月到令人感叹的行星奇景，从太阳系的整体结构到美丽的银河画卷，通过宏大的沉浸式场景体验、高仿真的立体模型、AR（增强现实）互动与大型曲面交互媒体等技术手段，以及琳琅满目的“天外来客”陨石，带你领略太阳系奇景，体验银河系之旅，让你在欣赏和惊叹之中爱上宇宙，同时思考两个最本原的问题：我们在哪里？我们身处宇宙的何方？

### 1.仰望星空

在星光灿烂的“仰望星空”主题区，你将迎面看到五个高雅的星座艺术装置——双子、天蝎、仙女、猎户、大熊（图 2-2）。每个星座都以星点连线的形式在精致的玻璃装置中呈现。我们以艺术化的手法表达古人对于星座的想象，同时表现其中的科学原理：星座只是一种平面上的视觉效果，实际上，星星彼此之间远近不同，各有空间点位。这些艺术装置背后的墙面上，一幅由铜雕和剪影版艺术图文组成的长卷徐徐展开，古埃及、古印度、古代中国、玛雅、古希腊等古文明留下的与星空有关的代表性神话故事一一呈现在你的眼前。

顺着神话故事的长廊往前，巨大地球造型球体的内部，是一个经典的光学天象厅。你可以在这里惬意地仰躺于懒人沙发，仿佛置身野外，聆听蛙声蝉鸣，头顶是都市人久违了的璀璨星空。来自日本五藤公司的 Orpheus 光学天象仪投射出高精度的逼真模拟星空，美丽的银河横跨天际，高悬空中的北斗七星将为

图2-2　星座艺术装置

你指引方向。伴随星空故事员的娓娓解说，你可以欣赏四季星空的奥妙，对比南、北半球看到的不同星空，还可以了解不同文明对星空形象的不同认识。

## 2.日、地、月

走出天象厅，你将看到令人震撼的巨大的高仿真月球模型和壮观的太阳物质喷发画面，而作为光学天象厅外壳的巨大“地球”将立刻成为视觉焦点，这三个体量巨大的模型和装置共同演绎了日、地、月三个星球的关系。太阳是主宰我们的恒星，地球是已知唯一存在生命的行星，月球则是陪伴地球几十亿年的天然卫星，太阳、

图2-3 “地球”和“月球”展项

地球和月球三者之间的基本关系是所有进入天文馆的观众必须了解的基本科学常识。

外径约 20 米的光学天象厅的外表被设计成了巨大的“地球”，球体表面轮流播放太空中的蓝色地球形象和一段激动人心的讲述 46 亿年地球演化史的影片《地球变迁》，从太空视角审视这个我们繁衍生息的共同家园。球体的另一侧，光纤灯点阵勾勒出地球夜晚的灯光景象，标记着人类文明的印迹。

“地球”的旁边，一个巨大的月球模型漂浮于空中，它与地球模型的大小比例与真实的月球、地球大小比例一致，它也恰好位于太阳模型和地球模型之间，一如真实的天体运行状态（图 2–3）。月球模型是利用三维打印技术翻模制成的，表面高清地反映了月表的环形山、月海、辐射纹等结构，相关数据来自中国“嫦娥工程”的月球探测成果。在月球模型的周围，你可以通过多个 AR

图2-4　“太阳”动态影像

互动装置了解月表月貌的产生过程，以及人类在月球上的足迹；地月撞击的艺术装置则将月球形成的主要过程定格于几个重要的时刻。此外，你还可通过互动媒体、图文、珊瑚标本等深入地了解月球的奥秘。

走过月球，你马上就会被气势磅礴的火红“太阳”（图2-4）所震撼。太阳是太阳系中的绝对王者，墙面上巨大的LED屏（6米×6米）动态呈现出太空卫星拍摄的太阳物质喷发现象：我们每日都可见到的太阳其实绝不平静，而是时时刻刻都在翻江倒海般喷射出规模巨大的能量和物质。在LED屏的前方，是一个精致的太阳剖面结构模型，展现了太阳内部的结构，揭示了核聚变产生巨大能量的奥秘，而在其外围，则是包括“光子走迷宫”“日地关系”等在内的有趣的互动装置和图文解说，帮助你更好地了解我们的太阳。

图2-5 “太阳系”主题区

### 3.太阳系

“家园”展区营造了一种宏大的沉浸式观展氛围，不同主题区之间无缝衔接，我们在不知不觉中就已进入了“太阳系”主题区（图 2-5）。在这里，你可以了解太阳系的整体结构，探索太阳系各种天体的美丽和神奇。太阳系拥有八大行星和矮行星、小行星、彗星等众多小天体，它们的环境有着什么样的差异，内部结构又有什么不同？它们是否有水，是否有大气？光环是土星的“专利”吗？火山只在地球上才有吗？让我们一起来探索太阳系的奥秘。

“行星数据墙”是“太阳系”主题区中最为醒目的大型展项，大型曲面 OLED 屏就像一部巨大的智能手机，集成了太阳系中众多行星的基本信息，以图形化的方式对比展现行星及其卫星的基本特质，帮助你了解“行星家族”成员的基本信息，如名称由来、半径、质量、自转周期、公转周期、已发现卫星数等。“行星数据墙”可以实现多人同时触摸交互，你可以便捷地了解每一个行星的信息，还可以比较不同行星的数据。“行星八音盒”是一个十分精致的演示太阳系天体运动的机械模型，对八大行星的公转、自转都根据实际情况进行了模拟运转。更为有趣的是，每颗行星都有一段专属的优美音乐，以八音盒的形式循环播放。

“水的痕迹”展项群是一组探索太阳系中水资源的展项。互动火星沙盘投影装置将带你探索火星水流痕迹的成因。当前的火星没有水，但是远古时代的火星很可能河流遍布！走进“土卫六的小屋”，你可以欣赏奇特的甲烷雨。土卫六上的湖水主要成分是甲烷，那里的雨滴比地球上的大，降落速度也要慢得多。通过浏览图文和小视频，你还可以更多地探索其他行星和卫星上的水资源分布情况。

“极光与磁场”展项群是一组探索极光奥秘的展项。有趣的是，极光并非地球专有，而是太阳赋予众多行星的礼物。在磁场的作用下，太阳风中的带电粒子与大气中的原子发生碰撞，产生电离作用，就形成了极光。你可以操纵极光模拟装置，亲手“制造”极光，调节极光强度，还可以观看投影视频，了解极光背后的故事。

“大气的真相”展项群带你深入太阳系各大行星的大气环境，见证宇宙中最极端的天气。台风是地球上最强烈的气旋，但是见识了木星、海王星等星球上的狂风，你才会知道什么是真正的恐怖。在展厅里，你可以旋转一个有趣的液态仿星球装置，简单的旋转就能造就绚丽的大气旋涡，快来试一试吧！

“行星光环”展项群则带领你探索美丽而神秘的土星光环。土星光环结构复杂，却薄如蝉翼，就像是一张嵌着层层密纹的超薄唱片，它其实是由不计其数的冰粒和石块组成的。投影装置逼真地表现了土星光环的旋转及其中冰粒受到光照的效果。探索展台上的装置后，你还会知道，光环并非土星的“专利”。事实上，木星、天王星、海王星都有光环，只不过它们都比较暗弱，需要更强大的望远镜和探测器才能发现它们的存在。

“步入火山”展项群将带你进入太阳系中形态各异的火山世界。玻璃展墙对不同行星的火山现象做了总体介绍和对比。嵌入地下的玻璃展柜分别展示了四种最具特色的火山模型——火星的奥林匹斯山、金星的饼状火山、水星的火山平原，以及地球的莫纳克亚火山。一个结合互动投影的模型模拟了满目疮痍的木卫一，木星强大的引力拉扯造就了木卫一活跃的地质活动，模型表面闪烁着的红色小点正是喷发中的火山。

太阳系中，除了八大行星及其卫星外，还有众多的小天体。模拟小行星空间分布的“太阳系小天体”组合展台及多个各具特色的展项，分别展现了小行星的来源假说、大小、分布等信息，模拟了彗星的轨道运动，阐述了彗星和流星雨的关系，也展现了冥王星、谷神星等矮行星的形态，值得你细细探索。

“天外来客”展项群也许可以算是“家园”展区中最值得大家驻足欣赏的区域了。这里集中展现了来自世界各地的精品陨石实物，既有完整的陨石，也有各具特色的陨石切片；有品相良好的国外著名陨石精品，也有被目击陨落的国内陨石实体；甚至还有来自火星和月球的陨石。你可以在互动媒体屏中欣赏到每一块陨石的三维扫描信息，了解其发现故事和背后的科学价值。更有意思的是，“天撞奇坑”展项群中居然还有一个被2018年西双版纳的“曼桂一号”陨石撞击产生的陨石坑实物，这可是全球独一无二的！在旁边的互动展项中，你还可以亲自动手“砸”出一个“陨石坑”。

### 4.银河画卷

地球是我们的家园，太阳系也是我们的家园，让我们把视野进一步扩展到太阳系所在的庞大天体集团，那就是银河系。作为“家园”展区的最后一个主题区，墙体上巨大投影所呈现的“银河画卷”（图2-6）将带你深入了解我们的银河系。影片内容的数据来源于中国南京大学天文系与美国哈佛大学联合发表的一项学术研究成果。银河系是一个盘面直径约10万光年的棒旋星系，包含

图2-6 “银河画卷”大型投影

至少 2000 亿颗恒星、众多绚丽的星云和星团、无数的气体和尘埃物质，以及难以直接观测到的暗物质。根据最新的研究成果，银河系有四条主旋臂，太阳系位于一个名为猎户座支旋臂的结构内，距离银心约 2.6 万光年，银河系的中心存在着一个超大质量黑洞，其质量超过太阳质量的 400 万倍。

银河系是我们所能认识和理解的最大的实体天体集团，我们同样将其视作“家园”，但是我们更有必要探索和认识太阳附近的天体。“太阳邻居”是一个有趣的艺术装置类互动展项，它用一个个悬挂的小灯珠来代表太阳周围 50 光年内肉眼可见的恒星和 15 光年内的所有恒星。你可以选择展台上的不同按钮，来探索那些熟悉的星星，比如织女星、牛郎星、天狼星，它们都在哪里？谁离太阳更近？

“银河画卷”展墙的背后，隐藏着一个激动人心的动感剧场——“飞越银河系”。这部精心打造的动感科幻大片将带领你搭乘“追光者号”飞船，探索银河系的奥秘，寻找另一个可能的家园。跌宕起伏的剧情和宏大的太空场景配合六自由度动感平台和6K巨型双曲幕，让你仿若置身浩瀚宇宙，感受银河系的神秘奇观，并在旅程中了解银河系的结构，以及我们在银河系中的位置。

### （二）宇宙——万物运行的法则

主展区的第二部分以“宇宙”为主题，跨出银河系，全方位地展现现代宇宙学对整体宇宙的最新认识。该展区创新性地采用主题制架构，选取现代天文学研究所涉及的五个最重要的主题，即“时空”“引力”“光”“元素”“生命”，将现代天文学的精彩纷呈串联起来。

“时空”主题区从时间和空间两个维度来探索宇宙的起源、结构与演化；“引力”主题区阐述引力在宇宙结构形成和天体演化中所起的作用；“光”主题区带你认识光的本质，通过星光探索宇宙奥秘；“元素”主题区探讨元素起源和宇宙演化的密切关联；“生命”主题区则尝试探讨生命之谜，以及人类对系外行星的探索。“宇宙”展区的内容看起来高深莫测，但是天文爱好者们可以在这里学到更多最新的宇宙知识，而普通的观众则可以浮光掠影地了解现代天文学的全貌。你不一定需要完全理解每一个展项，但是我们希望你的好奇心能被激发，宇宙观也在不知不觉中得到塑造和充实。

图2-7 “星际穿越”大型互动多媒体

## 1.从“星际穿越”到CMB

在进入“宇宙”展区之前，你将穿越一段长长的坡道走廊，那里设置了一个有趣的大型互动多媒体“星际穿越”（图 2-7）。它构建了一个神秘的“宇宙磁场”，当你走动时，你的身影将变幻为神秘的“幽灵”，在磁场中穿梭起舞。行走时，你的身影还将在不经意间打开一个个影像窗口，惊奇之余，聪明的你或许可以从中窥探到即将进入的“宇宙”展区将蕴藏怎样的奥秘。“星际穿越”的最后，一道道动态行进的激光扫描光束将引导你走近“宇宙”展区的第一个展项——“宇宙微波背景辐射”（图 2-8）。

“宇宙微波背景辐射”展项将交替展现四幅关于 CMB（宇宙微波背景辐射）的最重要图像，分别是 20 世纪 60 年代最早发现的全天各处都存在的神秘微波辐射，以及人类最近 20 年发射的三颗专用太空探测卫星（COBE、WMAP 和 Planck）获得的关于 CMB 的资料。这四幅图像的观测精度逐渐提高，揭示了越来越多、越

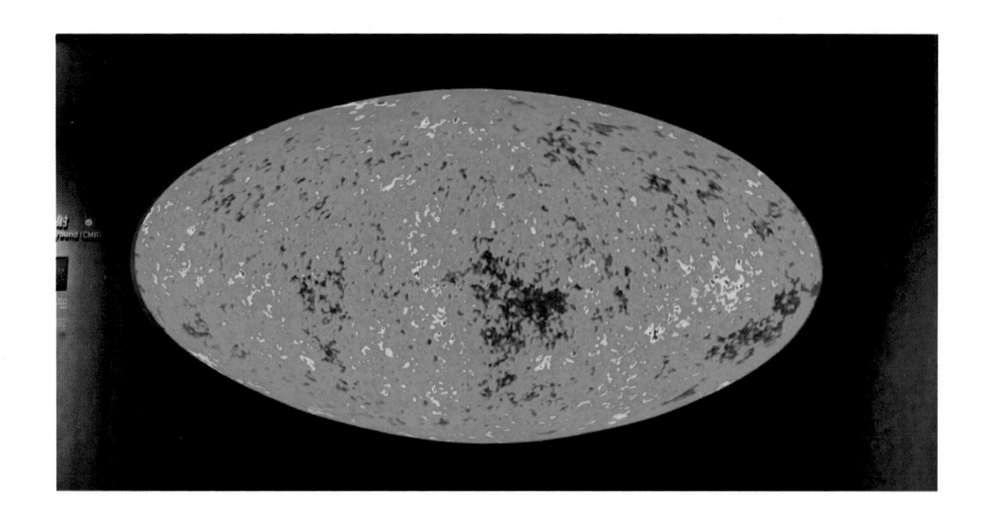

图2-8 “宇宙微波背景辐射”展项

来越精细的宇宙诞生早期的信息，既反映了人类对宇宙奥秘的探究过程，也反映了科技探测手段的不断发展。常人可能难以理解蕴藏在CMB图像中的奥秘，但是要知道这几幅看似抽象乏味的图像居然先后获得了三次诺贝尔物理学奖，可以想见其背后蕴含的重大科学价值。这是现代宇宙学的“皇冠”：人类竟然可以探究138亿年前宇宙诞生之奥秘，是不是有点不可思议?

## 2.时空——宇宙的维度

当代宇宙学认为，宇宙就是时间、空间及其中所包含的一切物质和能量。因此，时空就是认识宇宙的基本要素，它是整个宇宙赖以存在的基本框架。步入“时空”展厅，巨大的图文版将展现当代宇宙学的主流基础理论：宇宙大爆

图2-9　“时空”主题区

炸学说。CMB 的发现就是这个怪异理论的最坚实证据，你可以粗略地了解这个关于宇宙演化的主流假说，但是更需要知道：科学并非一成不变的绝对真理。宇宙大爆炸理论是一个拥有强大证据的学说，但是仍然存在许多质疑，至今还是一个充满争议的前沿课题。

“时空”主题区的空间由横平竖直的超窄线性灯镶嵌装饰，模拟出“时空之网”的环境氛围（图 2-9）。三个不同的展项将向你展现宇宙的空间结构：一是九个典型宇宙结构的大尺寸图文灯箱；二是一组表现不同尺度宇宙结构的玻璃艺术装置；三是可连续展示宇宙各种尺度特征的互动多媒体。三种表现手段将一起带你理解宇宙结构的基本概念。转过大厅，“多普勒效应”“红移与哈勃定律”“宇宙膨胀”“暗物质”“暗能量”“天体距离测量”等一系列展项虽内容高深，但是画面精美，文字表述既精确又通俗，你还可以互动参与，得到属于自己的收获。

紧随其后的区域将围绕时间的概念阐述。进入展厅，迎面就是重点展项“宇宙大年历”，这是由 12 组竖长形显示屏组合而成的大型多媒体展项。假如我们将宇宙的 138 亿年历史浓缩成一年，那每一组显示屏就展示了其中一个月中的里程碑事件，连起来就全面展现了从宇宙诞生到今天的演化大历史。太阳是在几月诞生的？生命又是在哪一天出现的？人类文明在宇宙大历史中不过是弹指一挥间！展厅的一侧是装饰精美的艺术展墙，墙上镶嵌着尺寸不同的展柜，里面陈列着人类在文明的历史长河中先后发明的计时仪器：日晷、沙漏、机械钟、摆钟和氢原子钟。细心的你或许还会在展厅的一角发现有趣的“从有序到无序”艺术互动装置，由此引发更多关于时间本质的思考。

爱因斯坦的相对论告诉我们，空间和时间是不可分割的整体。为了初步感受相对论的艰深，你可以步入 20 世纪 30 年代装饰风格的“爱因斯坦的教室”（图 2-10），这里的黑板是可以触摸的，你可以点击上面一个个有趣的问题，试着像爱因斯坦那样去做一个思想实验。对于普通观众而言，这里的内容当然十分深奥，墙面上众多龙飞凤舞的公式更是让人如坠云里雾中。但是不用担心，这就是科学的殿堂，你只需知道，探索真正的科学问题，需要打下深厚的数学和物理学知识基础！

突然之间，你会发现地面的线条开始出现扭曲，那是因为步入了由互动投影模拟的“时空弯曲”展项。来体验一下你的质量所引起的时空弯曲吧，它将引导你进入下一个主题区——“引力”（图 2-11）。引力就是物质导致时空弯曲的一种表现形式，有趣的是，正是因为时空弯曲，你还有机会“穿越”到 100 多年前的伯尔尼，去咖啡厅会一会青年时代的爱因斯坦！

图2-10 “爱因斯坦的教室”场景（上）
图2-11 “引力”主题区（下）

### 3.引力——塑造宇宙的力量

对比“时空”主题区和“引力”主题区的装饰风格，你或许会突然明白前面展厅中那些超窄线性灯所营造的精密方正的网格，正是为了与当前这个主题区展厅中扭曲变形的空间效果形成对比。整个展厅的天地墙均由双曲面特殊材料经三维建模和三维打印后翻模建成，遍布空间的弯曲线条构成了“引力”主题区想表现的重要特点——时空弯曲。

我们将在这里阐述构建宇宙的最重要力量——引力，它不仅与日常生活中的潮汐现象息息相关，也决定了所有天体的运行规律和演化命运。在这个主题区，你可以亲手操作传说中的比萨斜塔实验，可以看到黑洞吸积物质而产生的吸积盘和喷流，还可以观赏银河系和仙女座大星系未来可能发生的剧烈相撞。通过多媒体视频演示，你还将了解不同大小的天体会如何演化。

如果你的知识储备足够丰富，还可以尝试去挑战一下学习什么是赫罗图，什么是引力波，什么又是引力的本质。当然，这些都是比较高深的物理课题，略过它们也完全没有关系。我们想告诉你的是，引力是宇宙中最伟大的力量，它打造了一批又一批恒星和星系，它牵动着每一颗行星及其卫星的运动，它更是这个宇宙不断演化的根本动力。

### 4.光——宇宙信使

光，是将我们与无垠的宇宙紧密相连的信使。光，蕴藏着无数关于宇宙起源和演变的故事。让我们循光而去，探究其中的奥秘。

进入展厅，墙面上由光线射入一系列玻璃棱镜后发生折射、反射、散射而展现出的美妙光影让你充分领略“光之美”（图2-12、图2-13）。核心互动展项“多波段星光”揭示了现代天文学的一个重要特点，那就是认识到各种天体在包括可见光在内的各种电磁波段都会发出辐射，而且各个波段所表现的形态通

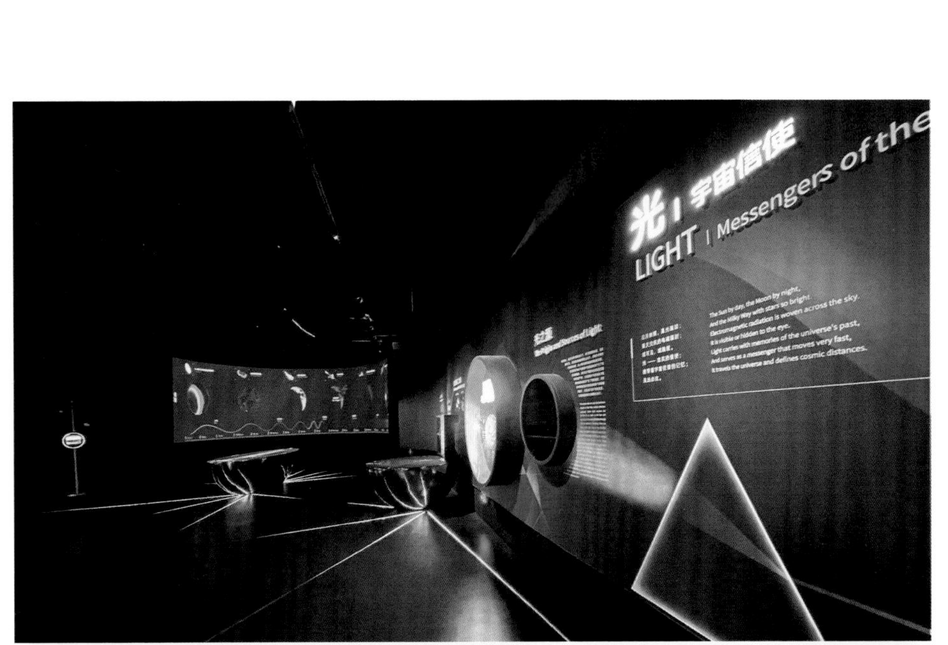

图2-12 “光”主题区（1）（上）
图2-13 “光”主题区（2）（下）

常都是各不相同的。为了全面了解一个宇宙天体，必须对它进行各种电磁波段的观测，这就是多波段天文学。你可以观看视频演示，也可以亲自动手，拉动一个天体进入不同的电磁波段，看看它的影像变化。

“解码星光”是“光”主题区的另一个重要展项群，它通过一系列可动手操作的小实验展项，分别阐释了光的来源、波粒二象性、光谱特性等光学基本概念。重点介绍科学家们如何使用光谱方法来破解天体物理奥秘，例如从谱线的强度分布可以了解天体的物质组成和演化信息，从谱线的红移或紫移的程度可以推算天体的运动快慢，等等。

### 5.元素——万物之元

我们是由什么元素组成的？水、空气、陨石、月球、太阳，它们的元素组成是否相同？这些元素最初又来自何方？这些就是“元素”主题区需要解答的问题。

“元素”主题区由两大展项群组成。第一个展项群名为“天上和地下的元素”（图2-14），它将重点阐述生活中的物质和宇宙中的物质，两者的元素组成其实都是一样的，只是组合的比例有所不同。宇宙中不存在地球上没有的独特天体元素，元素周期表中所有的天然元素都已被人们所发现，它们的基本性质都已被人类所掌握。

第二个展项群“源于星尘”将告诉你，天然存在的元素全部来自宇宙的星尘，它们都是宇宙中曾经发生的某一物理过程的产物。例如，宇宙大爆炸产生了最简单的氢和氦，恒星演化时，其核心通过核聚变产生了碳、氮、氧等众多中等质量的元素，超新星爆发或中子星并合等超剧烈的天体活动则产生了许多重元素。这些元素都在天体演化后期随着天体的解体而散入太空各处，成为星尘，同时也成为下一代天体演化的基础物质。核心展项“元素周期表”是一个大型机械

图2-14 “天上和地下的元素”展项群

互动装置，你可以选择不同的物理过程，了解不同的元素和宇宙之间的关系。

### 6.生命——宇宙的奇迹

天文学的探索当然无法回避对于生命这一主题的追索。“生命”主题区包含“生命的秘密”“系外行星与宜居带”“生命与宇宙”三个展项群。

“生命的秘密”展项群以巨大的 DNA 双螺旋装置（图 2-15）配合多媒体视频，重点探讨生命的科学定义及其与宇宙的联系。萌萌的水熊虫模型展现了生命在极端环境下依然可以顽强地生存，因此科学家们坚信在地球之外一定也存在着生命，只是暂时还未被我们发现而已。

满怀着追寻地外生命的信念，天文学家们对于生命的探索首先在对太阳系之外

图2-15 “生命”主题区的DNA双螺旋装置

行星（即系外行星）的探索中取得了重大突破，互动展项“开普勒寻星”形象地阐释了一种寻找系外行星的重要方法——掩星法。以开普勒卫星为代表的众多探测设备在最近 30 年已经发现了约 5000 颗系外行星，它们都是未来研究地外行星的重要对象，但是在它们之中，最需要关注一种落在宜居带之中的行星。所谓宜居带，就是指距离母恒星的距离不远也不近的区域，以至于行星上正好可以存在液态水。人们当前已经发现了数十颗宜居带行星，它们被称为“系外家园”。

“生命与宇宙”展项群将探索地球演化史上几次生命大灭绝事件与宇宙事件的可能相关性。地球上的生命诞生之后，时不时发生的各种宇宙事件，如小行星撞击、超新星爆炸导致的超强宇宙辐射等，都可能严重影响地球上生命的演化，上演一次又一次生命的灭绝和再生。小行星撞击地球引起“恐龙大灭绝”就是一种被大部分科学家所认同的假说，生动的场景和动画再现将带给你更多关于宇宙与生命的思考。

在设计师的巧妙安排下，“生命”主题区的入口处安置了一扇圆形的玻璃舷窗，从这里可以第二次窥见“家园”展区的地球大模型。这一次，我们看到的是它的夜半球，而正是在这个夜半球，众多城市的灯光勾勒出当代文明的形象，令人感叹生命改变自然的强大力量。玻璃舷窗的一侧隐藏着“假如……”剧场，如果你有幸抢到预约，就能跟随一对有趣的父女一起尝试“假如宇宙大冒险”魔盒游戏，游戏中的设定会赋予你“神奇的魔力”，让你能“改变”宇宙中某些重要的参数，比如引力常数、光速，或是暗物质的比例，你一定无法想象将会引发什么样的惊天变化!

## （三）征程——人类探索宇宙的历程

走出“宇宙”展区，你可以放松一下，在中庭的螺旋步道俯瞰巨大的傅科摆，或去太空咖啡馆品尝星球特色咖啡，然后到室外平台呼吸一口新鲜空气，再跟上我们的脚步，一起走进第三个主展区“征程”。

“征程”展区全景式地展现了人类探索宇宙的漫漫征途——从最初对星空的仰望，到千百年来无数科学家的探索，再到当今最先进的天文望远镜和天文研究大计划，尤其是中国航天所取得的非凡成就。这里有众多的人物、故事和场景，更有许多难得一见的珍贵文物，你在这里能了解很多科学探索的历史和方法，感受科学家们在探求真理过程中所展现出的科学精神。

### 1.星河

我们在“家园”和“宇宙”展区中领略了人类对广袤宇宙的众多了解，不禁会问，这么多的知识都是怎样得到的呢？这个名为“星河”的主题区（图 2-16），将带你走进人类探索宇宙的数千年历程，它以人类宇宙观的变化为主线，带你从人类

图2-16 “星河”主题区

仰望天空之初开始，“穿越”历史，遇见不同时代的天文学家，亲历人类认识宇宙的智慧旅程。因此，这个“星河”不只是星空的长河，更是一个个科学明星组成的历史长河。

“星河”主题区位于一条狭长的通道，沿着通道，每隔一段距离就有一个特别设计的艺术装置，依次代表了人类宇宙观演变的五个重要阶段，它们分别是：“天圆地方”“地心说”“日心说”“银河系”“宇宙大爆炸”。整个展区也正是以这些装置为界，分段展示各个历史阶段的重大天文事件。

天圆地方是远古人类最为朴素的宇宙观，对于星空最初的探索和思考形成了众多与星空有关的神话。同时，人们也注意到通过观测日、月等天体的周期运行，能够记录时间的变化，年、月等历法概念逐渐产生，英国巨石阵、中国陶寺观象台等就是古人进行天文观测的遗迹。

从古巴比伦到古希腊，人类关于宇宙和天空的理性思考逐渐催生了天文学的雏形。地心说代表了科学启蒙时期人们最为自然的宇宙观。古希腊学者们发展出一套复杂的天体运动数学模型，以此来精确描述天体的不规则运动，经过托勒密的整理和提升，地心说在长达1500年的时间里都是人们认识宇宙的经典理论。“地心说”区域的展项群通过古代与天文相关场景和故事的展示，帮助大家了解天文学如何从无到有、从简单到复杂的演变过程，理解不同民族、不同文明对于这门古老学科的不同认知，体会先人古老智慧的力量。

在500年前的科学革命时代，哥白尼、开普勒、伽利略等人对于世界中心位置的探究，开启了现代天文学的时代。哥白尼天才地提出了认为太阳才是宇宙中心的“日心说”，伽利略发明的天文望远镜使人类超越了目力的限制，开普勒的三大定律揭示了行星运动的秘密，牛顿对万有引力定律的探索真正实现了天地规律的统一，奠定了现代物理学的基础。本区域通过珍贵的科学原著原版书及其他历史文物的展示，配合各种场景和图文展现近代科学初期诸多天文科学发展过程中的重大事件和重要人物。

随着人类观测技术的发展和天文理论的不断进步，天文学家关注的目标也从太阳系内部的行星进一步拓展到遥远的恒星乃至银河系本身，展区中央醒目的巨大望远镜“赫歇尔大炮”模型（图2-17）是200年前天文学研究的象征。英国的威廉·赫歇尔发现了天王星，从而扩大了人类认识宇宙的视界，然而他更伟大的发现是通过望远镜观测对银河中的群星进行统计分析，进而提出银河实际上是一个庞大天体系统在天空中的投影表现，并在历史上第一次画出了银河系的雏形，这个图形正是悬挂于展厅上空的代表第四代宇宙观的“银河”艺术装置的原型。

100年前的世界天文中心转到了美国，展区内威尔逊山天文台的场景（图2-18）通过爱因斯坦和哈勃的会面，将我们带回20世纪初期，见证那一场关于宇宙是否在膨胀、宇宙学方程是否需要加一个常数的精彩探讨。“宇宙大爆炸”艺术装置展现了基于宇宙膨胀观测事实而提出的一种宇宙演化假说，这个假说虽然怪异且难以

图2-17 “赫歇尔大炮”模型（上）
图2-18 威尔逊山天文台场景（下）

理解，却在未来的岁月中得到了众多观测证据的支持，迫使人们不得不去深入思考和探索宇宙的深层奥秘。

“星河”主题区的最后，以模型方式呈现了多个正在建设中的地面特大望远镜和太空望远镜，并以异形幕投影的方式展现了当代天文学的一些大型项目和科学目标。当然，当代天文学的发展日新月异，世界各地的各种大型设备令人眼花缭乱，难以在一个小小的展厅中予以呈现，在这里之所见只是一鳞半爪，如果你感兴趣，可以进一步关注和探索。

### 2.天文数字实验室

穿越历史长河，了解人类为探索宇宙奥秘所付出的艰辛之后，我们将经过一个名为“天文数字实验室”的特殊区域（图 2-19）。在未来感十足的实验室里，你可以参与一个个有趣的科学游戏，亲手编辑处理哈勃望远镜拍摄的照片，研究恒星光谱的奥秘，尝试使用多种方法来发现系外行星，等等，甚至还可以模拟制造一个黑洞，看看它是怎样吸入物质和产生高能喷流的。

通过在这个数字实验室的互动体验，你将了解现代天文学的重要特点——通过天文大数据的处理和分析来开展当代天文研究。当代天文学家早已不需要端坐在天文望远镜前，他们的“主要武器”已经从望远镜变成了计算机！他们需要的是各种强大的数据处理系统来配合进行各种研究工作，甚至可以使用虚拟数据来模拟天体的演化。你可以选择不同难度的项目或课程，了解当代天文研究的基本流程，体会科技发展对科学研究的巨大影响。

### 3.飞天

能够像鸟儿一样展翅飞翔是人类自古以来的梦想，前有嫦娥奔月的神话，后有莱特兄弟使人类飞行梦想成真，齐奥尔科夫斯基更是奠定了现代航天学的基础，使

图2-19　天文数字实验室

茫茫太空中留下了人类的足迹！航天同样是人类扩展宇宙探索的重要途径，数十年来，各种各样的卫星和太空探测器不断飞向太空深处，获取了地面观测无法企及的宇宙新知。

“飞天”主题区的开端部分以最精练的语言讲述了人类如何开启太空时代及美苏两国在开展太空探索方面激烈竞争的故事，众多“第一”的故事和简明易懂的航天大事图表让你快速浏览人类航天探索的飞速成长。

接下来，你将领略人类征服太空的伟大壮举，包括阿波罗登月计划、对太阳系各大行星和小行星的探索任务、先驱者号和旅行者号飞出太阳系的旅程及它们所携带的代表人类文明的镀金铝板和金唱片等。

而“飞天”主题区中最引人瞩目的无疑是三个与中国航天相关的高仿真场

图2-20　“嫦娥探月”场景

景。第一个是“嫦娥探月”（图2-20），在高仿真月壤覆盖的起伏月面上，嫦娥五号和玉兔号静静地展现着它们的姿态，时不时做出挖掘土壤和月面行走的动作。你还能戴上VR眼镜体会月球漫步的失重感觉。第二个是“荧惑历险”，展台上呈现的是“祝融号”火星车模型，而上方则悬挂着火星地表的微缩模型，呈现了火星车行进的路线；背后的大屏幕上播放着历史上曾经登陆火星的一个个著名的探测器。第三个是位于展厅中央的庞然大物，它是以2021年4月29日成功发射的天和核心舱为模板的中国空间站1 ∶ 1仿真模型（图2-21）。面对巨大的“空间站”，你的自豪感一定会油然而生，更激动人心的是还可以“走进空间站”，实地参观宇航员们在太空中的生活和工作场景，看他们如何起居、健身、洗浴、饮食，你的好奇心一定可以得到充分满足。

走出“空间站”，你会惊讶地发现自己置身于璀璨的星空，在这里，我们将通

图2-21　中国空间站1：1仿真模型（上）

图2-22　“飞天”主题区（下）

过悬空的天桥迈向远方，并第三次看到美丽的地球模型。我们同宇航员一样，从太空中俯瞰熟悉的家园，它的上空还围绕着多个我们耳熟能详的太空探索“明星”：哈勃空间望远镜、开普勒太空望远镜、新视野号、詹姆斯·韦布空间望远镜、先驱者号和旅行者号（图 2-22）。

在天桥的尽头，你将会看到著名的“暗淡蓝点”，美国著名科学家和科普作家卡尔·萨根曾经发出指令，让旅行者号探测器拍摄了人类历史上第一张太阳系八大行星的全家福照片，地球在其中只是仅一个像素大小、毫不起眼的一个暗弱小点，但是，这就是我们的家园。卡尔·萨根借此向全世界进行了关于倡导世界和平、珍爱地球的著名演说，你可以听到这段精彩演说的原声音频，感受人类的渺小和宇宙的浩渺，同时也深刻感受地球家园的无比珍贵。

### 4.未解之谜

在参观整个主展区的尾声，你的眼前将出现一条梦幻般的螺旋飘带，飘带上动态展现着各种稀奇古怪的问题：什么是弦论？什么是平行宇宙？宇宙的外面是什么？……这些都是人类尚未解开的科学谜题（图 2-23）。本以为参观完上海天文馆就成为熟知天文知识的“宇宙达人”了，但事实上却发现脑中出现了更多的问题。不用沮丧，恰恰相反，你应该感到很自豪，因为那代表你认真地观展、积极地思考，并产生了好奇、提出了更多的问题，这或许就是我们建设天文馆的真正目的吧。

“星空浩瀚无比，探索永无止境。”主展区出口处的这句话引起了许多观众的共鸣，星空探索的征途路漫漫其修远兮，我们希望有更多的人在参观上海天文馆之后能够立志加入这支队伍，为人类文明的明天做出贡献。

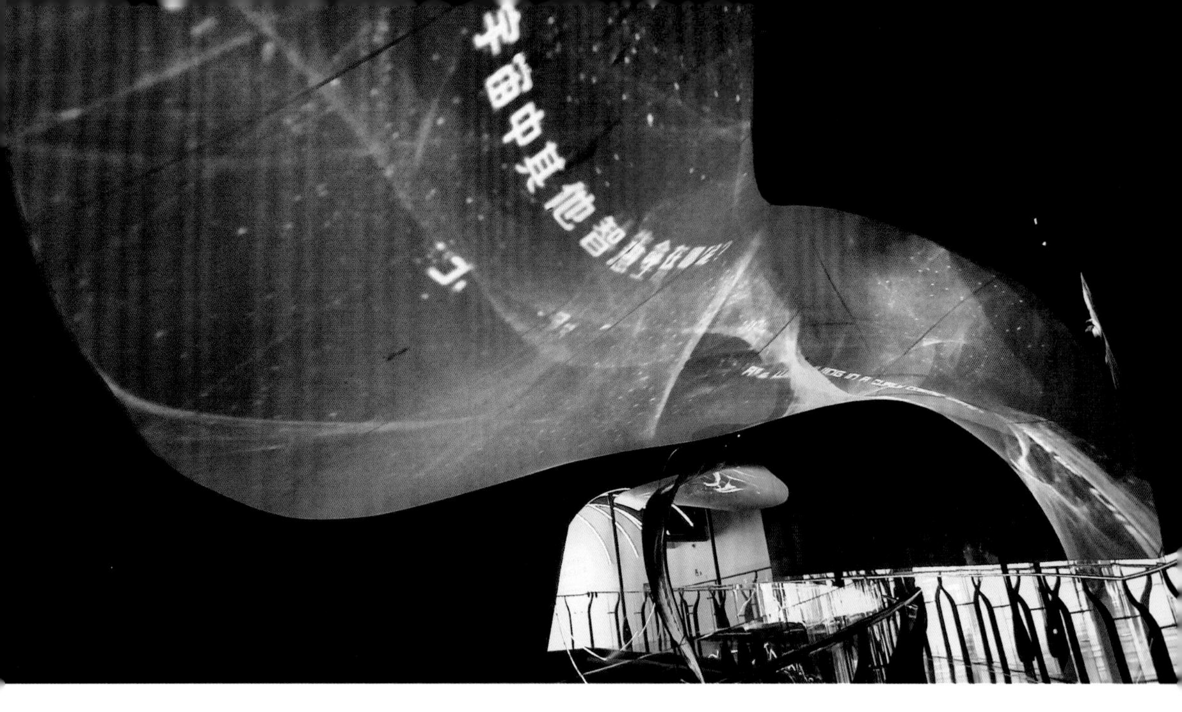

图2-23 “未解之谜”飘带

## 二、特展区

上海天文馆特展区是指设置在主展区之外的几个富有特色的独立展区，分别是集中反映中华 4000 年天文发展特色和当代天文成就的“中华问天”，为学龄前儿童精心打造的“好奇星球”，以具有科幻色彩的火星探索沉浸式体验为特色的“航向火星”体验区。

### （一）中华问天——从观象授时到现代天梦

为了集中展示中国在几千年历史中积淀的丰厚的天文观测和宇宙思考成果，我们在主展区之外特别设置了“中华问天”特展区，在这里展现中华民族先辈

图2-24 “中华问天”展区序厅

对于宇宙的探索和理解，回顾近代天文科学在中国的发展历程，并呈现当代中国天文学领域的重要成果。该展区由“观象授时”“西学东渐”“中华天梦”三个主题区组成，分别对应古代、近代和当代的中国天文。

“观象授时”主题区主要介绍中国古人对于宇宙和天空的探索，以及古人如何将对于宇宙的理解融入东方思想和生活之中。中国是世界上天文学起步最早、发展最快的国家之一，屡有革新的优良历法、令人惊艳的发明创造、卓有见识的宇宙观等，使中国在世界天文学发展史上占据重要地位。

步入“中华问天”的序厅（图2-24），迎面是一排古朴雄浑的立柱，柱子之间透出不断变幻的晨曦光照效果，整体以艺术化的手法再现了4000年前山西襄汾陶寺观象台，据众多天文史学者和考古学者的推测，那里很可能是中国最古老的天文台，被用于时间和方位测量。序厅的上方是“无尽无极”艺术装置，多如繁星的金银两色金属立方体排列组合为阴阳太极造型，在灯光的照射下熠熠生辉，宛如数千年前古人所仰望的星空。墙面上，美丽的“北斗旋极”星空延时摄影表现了中国古

图2-25 “中华问天”展区“观象”区域

代天文观测体系重视北极的特点，另一边则展示了中国古代的几种典型宇宙观。

“观象”区域（图2-25）展现了中国作为世界历史上最为重视天象观测的国家之一所留下的海量的天象观测记录。这个区域展现了从甲骨到各种古籍、古星图中的与天象观测有关的内容，复制展出了古人用于观测天象的设备和观星台。蟹状星云与超新星的记录、苏州石刻天文图、敦煌星图、传教士进献崇祯皇帝的《赤道南北两总星图》等，都是中国古代天文发展史中的重要里程碑，一定会给你留下深刻的印象。

“授时”区域展现了中国的历法体系。中国是世界上唯一保持3000多年不间断之历法传承的文明古国，大型展板展现了中国从夏代至民国的有序历法传承，以及对日本、朝鲜、越南等周边国家之历法体系的影响。同时，我们也用剧场表演和多媒体等形式展现了中国特有的阴阳历（农历）、二十四节气等知识，

图2-26　“中华问天”展区“中华天梦”主题区

代表着古代中国科技成就的宋代水运仪象台模型将让你惊叹中国古人的高超智慧。

“西学东渐”主题区介绍了中国天文学从明朝末期开始的逐步向近代天文学的转化，以及上海徐家汇和佘山天文台在其中扮演的重要角色。中国曾经是世界上天文学最发达的国家之一，但是明朝之后长期故步自封导致天文学发展几乎停步不前，直到明朝末年，徐光启通过与西方传教士的密切交往才在高层官僚集团中引进了西方的科学知识。通过历史文物和营造出的场景，你可以了解西方科学如何传入中国及徐光启的故事，并了解上海徐家汇天文台、佘山天文台对近代中国天文科学发展所起到的重要推动作用。

“中华天梦”主题区（图 2-26）介绍了当代中国天文学发展取得的主要成果和研究方向，以及中国天文未来大型项目与研究热点。展厅墙面用大型图文的方式展现了从 1922 年中国天文学会成立到 2021 年上海天文馆开馆这近百年期间，中国天文学发展的重大事件。展厅内的一组微缩模型展现了当代中国的大型天文观测及研究设备，如“中国天眼”（FAST）、国际大科学工程——平方公里阵列射电望远镜（SKA）项目、高海拔宇宙线观测站（LHAASO）等。你还可以通过互动多媒体了解当代中国天文机构的分布情况，并通过“院士寄语”感悟中国天文学领域的院士们对其科学工作的回顾和对未来发展的理解，聆听他们对上海天文馆的祝福。

### （二）好奇星球——孩子们的宇宙探索之旅

“好奇星球”是我们为3—6岁的学龄前儿童专门设计的区域，它营造了一个以梦幻般的系外星球探险为主题的游戏体验空间。在这里，我们并不想向孩子们传递具体的科学知识，而更希望他们通过角色扮演和群体活动，在这个充满想象力、神奇且魔幻的外星世界享受宇宙探险的乐趣，了解爱和勇气的力量。

故事以女孩艾文和她的外星朋友UU经历的一次行星探索之旅为线索，从孩子们最熟悉的卧室场景开始，在自家的后院乘坐飞船前往“花王星”和“冰火星”，最后与外星人们一起享受快乐的聚会。

“我的卧室”（图2-27）是出发前的背景介绍，包括主人公女孩艾文、她的外星朋友UU及故事背景说明。艾文是一个喜爱天文的小女孩，她的卧室里充满了天文乐趣，一面照片墙上记录着艾文和UU的快乐生活，写字台上留着艾文每晚看星星、记月相的笔记，最夺人眼球的就是“行星之旅”探险地图，预示着大家即将经历一场激动人心的探险之旅。在“我家后院”，孩子们可以躺在草坪上和艾文、UU一起望星空、数星星、认星座！顶部投影以星座连线和形象展示相结合的动画形式向孩子们介绍天上的星座，大家还可以自己动手连一

图2-27 “好奇星球”展区“我的卧室”场景

连星座，给星座命名，透过望远镜看一看月亮和土星的真实模样，用手接住一颗星星，享受夜晚的美妙时光。

在“出发！”场景中，艾文和UU坐进飞船，感受发射前的激动和紧张，回眸望一眼太空中的地球家园，穿上宇航员的太空服留一张影，太空生活的乐趣无处不在。走出飞船，孩子们就将登上第一个星球“花王星”。

“花王星”上最醒目的景观就是一片巨型外星森林，孩子们可以攀爬玩耍，还可以参与互动、团队合作游戏，体悟到坚持不懈、不畏艰险和团队合作的重要性。我们在游戏的过程中设计了多个“惊喜的发现”，激励着孩子们向最高点前进。爬到最高处时，大家齐心协力喊叫，就能看见花朵齐放、彩蝶飞出。

图2-28 “好奇星球”展区“冰火星”场景

在第二个星球“冰火星”（图2-28），大家将看到火山中喷出的竟然不是火焰，而是冰粒，正像太阳系中木卫二的冰火山那样。在这里，孩子们可以钻进山洞，看看这里的微生物与地球上有什么不同，爬到山顶，顺着山壁滑到“冰岩浆”海洋球池中，体会喷涌的“冰岩浆”落在身上的奇妙感受。

“好奇星球”是孩子们的开心乐园，也是世界天文馆中少有的专为学龄前儿童设计的专属空间，孩子们在玩耍中可以充分感受到星空、航天和地外星球的气息，不知不觉地爱上太空、爱上天文。

### （三）航向火星——未来的火星探索之旅

“航向火星”是一个集沉浸体验和科学传播于一体的特色展区，我们在这里构建了2076年的未来火星世界，完整的世界观设定、逼真的场景营造、精彩的故事情节、任务式的角色扮演，都让你有机会领略最新颖、最先进的沉浸式火星探索之旅。

这是一段充满想象的科幻之旅。故事发生在2076年，火星东方站基地上驻扎着由数十名国际科学家组成的火星科研与改造开发队伍，他们在进行一个雄心勃勃的项目——火星地球化改造，为人类移民火星做准备。超级太阳风严重影响了火星空间站，出于安全考虑，火星基地决定将核反应堆暂时关闭并向地球求援。你和小伙伴们将化身救援小队成员，乘坐“天雀号”飞船前往火星执行任务。

在入口区，救援小队的每位成员会被分配任务，队长会得到一个手环，用于后续剧情推进。进入舱门，逼真的场景瞬间将大家带入剧情之中（图2-29）。在工作舱，机器人祝融会给队员讲述整体故事背景并交代任务。在NPC（非玩家角色）的协助下，队员们进入飞船工作舱，在舷窗外可以看到远处火星红色的光芒。队员们在了解工作任务后，将拿到“反物质能量棒”，并登上二楼的驾驶舱，操控飞船飞向火星。舷窗外的火星逐渐变大，飞船靠近近火轨道空间站，对接完成，登陆舱准备就绪。

这时，倒计时警报响起，队员们快速进入登陆舱。与飞船NPC告别后，队员们系上安全带，开启下降程序。当降落完成，舱门被再次打开的瞬间，救援小队将被眼前的景象所震撼，你们已身处火星地下降落井中！走出登陆舱回头望去，眼前的巨型登陆舱下部，是经过火星大气灼烧的斑斑痕迹。

救援小队经过地下试验中心，来到火星指挥中心（图2-30），队长插入“反物质能量棒”后，整个指挥大厅都恢复了能量供应，灯光、中央大屏渐次点亮，救援任务成功完成。接下来，你就可以自由地参观一下指挥中心，还可以走上二楼，通

图2-29 "航向火星"入口区域（上）
图2-30 "火星指挥中心"场景（下）

过观察窗眺望火星基地上各类自助作业车繁忙的运转状态，并欣赏独特的火星蓝色日落。

“航向火星”特展区由国内顶级创意设计和场景特效团队打造，游览其中如同经历了一场火星版的密室逃脱，跟随层层推进的剧情，仿佛真的穿越到了半个世纪后，人类走向太空的未来看似遥不可及却又近在眼前。

# 连接人和宇宙

# Connecting People to the Universe

# 策展

## 我们不是在写一本教科书 而是在创造一段体验

上海天文馆所处的时代和社会发展背景，以及所设定的建设目标，都决定了这座场馆一定要在传统天文馆的基础上做大胆的创新和突破，要努力建设一座真正受到专家认可和公众喜爱、引领行业发展的国际顶级天文馆。为此，在建设过程的不同阶段，我们在一些策展理念和设计原则的关键点上做了思考和探索，形成了一些指导方向，并据此开展了各个条线的相关设计和实施工作。

博物馆策展和实施是一个系统性、协作性很强的过程，在本章，我们梳理选取了上海天文馆策展工作中比较有特色的几个方面展开讨论，或未能涵盖所有的领域，但可供探讨交流。

## 一、策展理念——建设一座不一样的天文馆

### （一）传统的天文馆模式

通常认为，现代意义上的天文馆始于 1923 年 10 月蔡司天象仪在德国慕尼

黑的德意志博物馆的亮相，它是由蔡司公司研发的专门用于投射星空形象和演示行星运动的天象仪。1925 年 5 月 7 日，在德意志博物馆新馆落成典礼上，蔡司天象仪正式进行公演，德意志博物馆的蔡司天象厅也就被视作世界上第一座天文馆。

由此可见，最早的天文馆就是天象厅，而设立天象厅的目的就是用人造的方法再现逼真的星空，同时可以演示日、月及各行星在星空中的运动。随着工业文明的发展，城市灯光越来越强，光污染越来越严重，城市中能够看到的星星越来越少，以至于现代的年轻人几乎完全失去了对满天繁星的认知。在这种情况下，对天象厅模拟真实星空的需求就变得越来越迫切，于是世界各地纷纷兴建天文馆，蔡司光学公司则不断地推陈出新，设计出功能越来越强大的光学天象仪。

以星空模拟和天象演示为目的而建立起来的天象厅，或者说天文馆，其核心当然就是演示天象的天象仪，而在天象厅的周围，通常会配以当时人们已知的太阳系相关天体的知识展示，规模通常很小。那个时候天体物理学才刚刚起步，因此相关科学内容非常匮乏。直到大约 50 年前，兴建或更新改造的天文馆才开始引进越来越多关于银河系、星系等的天体物理学内容。再后来随着航天事业的发展，又有些天文馆开始引入航天的内容。但是总体而言，这些传统的天文馆都仍然是以天象演示为中心的场馆，其他展览内容的选择比较随意，规模也非常有限。

后期扩建和新建比较成功的天文馆包括美国的格里菲斯天文台（扩建）、阿德勒天文馆（扩建），以及日本名古屋市科学馆的天文展厅（新建）等，这些场馆扩展了展示面积，能够更系统全面地展现当代天文科学的各个方面，但受到原始建筑格局的限制，其场馆核心仍然是天象厅或球幕影院。

## （二）探索和突破

### 1.以展览为传播主体

上海天文馆得天独厚地拥有了世界上规模最大的天文馆建筑体，因此也就有可能打造一个全面反映人类探索宇宙的历程和成果的天文馆。为此，策展团队提出了一个与传统的天文馆截然不同的设计理念：我们不应该局限在以天象厅或球幕影院为核心的传统思路上，而是应该从源头上构建一个逻辑完整的展览体系。这个体系既要能够涵盖迄今为止人类对宇宙的全部知识，也要包含人类探索宇宙的重要历程。在比重上，展览将首次超越天象厅、望远镜等传统设施，成为完成科学传播使命的主体。

这方面的思考在上海天文馆的英文馆名上也得到了体现。天文馆的英文名称通常都是 planetarium，其最早含义是专门用于天象演示的天象仪，所在场所则被称为天象厅。这个概念被引进中国后，在北京天文馆的建设实践中又产生了“天文馆”这个名称。但是，天象仪、天象厅和天文馆在国外却都使用同一个英文单词，即 planetarium，实际上造成了很大的不便。究其原因，已有百年历史的天文馆在其早期其实就是天象厅，虽然后来在天象厅周围布置了越来越多反映天文学新发展的展品展项，但是天象厅始终是其设计的核心。即便是像美国格里菲斯天文台、阿德勒天文馆这样后来也发展了较大展示面积的大型天文馆，也仍然是采用一种以天象厅或球幕影院为中心的展示模式。

上海天文馆在拥有较充分展示面积的基础上，从一开始就提出了一种全新的天文馆建设理念，即根据一个明确的展示主题来进行全馆的展示设计。在这种模式下，上海天文馆的整个展示体系自成逻辑，光学天象厅已不再是天文馆的中心，而只是其中一个重要的展项，作为大多数传统天文馆核心项目的球幕影院甚至脱离了展区，成为天文馆中一处独立的影院。

为了表达这样一种有别于传统天文馆设计的新理念，上海天文馆决定启用一个新的英文名称“Shanghai Astronomy Museum”，我们也希望这样一种新的英文馆名和天文馆建设理念能够为世界范围内未来天文馆的建设提供新的启发。

### 2.以星空为核心要素

天象厅虽然不再是整个天文馆设计的中心，但“星空”仍然是这个天文馆最为核心的要素，因为星空是“连接人和宇宙”的桥梁。没有星空，人类将无从知晓宇宙的存在；没有星空，人们将无法窥探遥远天体运行的奥秘。如今，城市的发展已经使人们难以看到真正的星空，也使我们更有责任为公众提供一个与美丽星空亲密接触的机会。因此，我们从最初构思开始，就设想要以星空作为整个展览的切入点，光学天象厅应该成为人们进入展厅后见到的第一个重要展项，从邂逅久违了的星空和仰望满天繁星的震撼体验开始，拉开整个宇宙探索之旅的序幕。

同时，为了更好地帮助观众理解星空，我们还需要在整个展馆中安排多元的星空体验，包括光学天象仪的星空演示、球幕影院的星空数字影片，以及通过天文望远镜来进行实际的星空观测等。我们将围绕星空体验设计规划的四个大型设备戏称为上海天文馆的“四大神器”——天象厅、球幕影院、一米望远镜和太阳望远镜，这四件“神器”紧紧围绕星空主题，成为观众们感受星空、体验星空的最佳方式。

### 3.拉近观众和宇宙的距离

卡尔·萨根有一段名言：“人类的命运和宇宙息息相关，人类大大小小的活动都可以追溯到宇宙及其起源。”我们将展示主题设定为“连接人和宇宙”，就是希望通过天文馆拉近每一位观众和宇宙之间的距离，让大家了解星空并不遥远，我们所赖以生存的行星家园，以及我们每一个人，都源于星尘，也将归于永恒。

塑造完整的宇宙观

大历史＋大结构

时间：人类文明是宇宙历史的一部分

大爆炸—时空产生—元素产生—恒星诞生
—太阳系诞生—地球演化—生命诞生—生物演化—恐龙灭绝—人类出现
—文明诞生—天文学诞生—望远镜发明—近代物理学—宇航时代

空间：从微观到宇观的全面解析

基本粒子：夸克—原子结构—分子结构—细胞结构—
生命体—城市—地球和月球—太阳系—星团—
银河系—星系团—宇宙大尺度结构

图3-1 “大历史＋大结构”宇宙观

这种拉近人与宇宙的做法，打破了科学殿堂的高高在上，摒弃了神话与宗教布设的层层迷雾，使观众更加近距离地感知科学。为了达成这个目标，我们在展览的不同部分从不同的角度阐述了我们与宇宙之间的关联，并将“生命”作为宇宙中最大的奇迹，有机结合在展览体系之中。

### 4.塑造完整的宇宙观

如果说星空体验是偏于感性的，那么逻辑严密、内容系统的展览就是我们为观众呈现的一个理性世界，它将描绘出现代天文学和宇宙观的宏伟画卷。我们的建馆愿景是“塑造完整的宇宙观”，关键词“完整”意味着从时间和空间两个维度去全面系统地认知宇宙、建构宇宙观，我们概括地表述为“大历史＋大结构”（图3-1）。大历史将涵盖从宇宙大爆炸到宇航时代的整个时间线，而大结构将从最基本的微观粒子到最庞大的宇宙大尺度结构，这样宏观系统的全景展示将有效帮助观众建构起对宇宙更为系统完整的认知。

### 5.激发好奇心才是最终使命

好奇心是人类探索世界、探索宇宙的原动力。面对广袤无尽的宇宙，人是那么的渺小；然而，渺小的人类却对广大而未知的宇宙洪荒产生了好奇，提出了无数的问题，并以科学和技术为途径，一代又一代努力地去尝试理解这个宏大的宇宙。正是这种好奇心推动了科学的不断发展，并吸引更多的人孜孜不倦地去探寻科学真理，使人类成为这个星球上最具主导性的物种。当代的观众可以通过很多途径便捷地获取知识，相对于在天文馆中传播具体的知识，我们更希望将天文馆的宝贵资源用于激发出观众内心深处潜藏着的对宇宙、对自然的好奇心，让观众通过参观和体验去感受星空、理解宇宙、思索未来。

## （三）策展理念和设计原则

在不断的思考探索和讨论碰撞中，我们逐渐形成了上海天文馆的策展理念和设计原则，用以指导后续的内容策划和形式设计工作。

### 1.内容为王，启迪好奇

作为世界上最大的天文馆，在内容体系的架构上，既要全面涵盖现代天文学的主要领域，又要重点突出天文研究的前沿热点，还要充分展现科学探索的人文精神，综合体现天文科学的宽度、深度、热度和温度。而这么多的内容如何取舍和配比，我们遵从的原则是“我们不是在写一本教科书，而是在创造一段体验”。我们的目标是启迪观众对宇宙的好奇而非局限于传播具体的知识点。当内容过多需要取舍时，这个原则就会引领我们做出选择。

### 2.设计为先，整体把控

策展作为一个系统工程，设计就是龙头，它把内容转化为形式、把文字变为图纸，才使一切能够有序落地。我们充分重视设计规划和全流程设计管理：在工作时序上，以概念设计为先导，以整体规划设计为统领，以深化设计、施工图设计为接续，逐步深入明确；在专业领域上，以空间设计为主线，结合装饰、造型、机电、灯光、平面、媒体、舞美、音效等多专业设计开展协同配合。由于系统复杂、条线众多，所有的设计管理都需要在总设计师和展区设计师的整体把控和指导下开展。

### 3.创新为要，追求极致

上海天文馆的建设几乎没有先例可以参照，我们在很多方面是先行者和开创者，这也让我们没有框架、不受限制，能够天马行空地进行创意和设计。不论是理念、内容、形式，还是技术手段，我们都希望在经典和传统的基础上加以时代性的发展和创新，勇立潮头、敢为人先，建设一座独一无二、引领行业的天文馆。上海天文馆展品展项的原创比例高达 85%，这既出于场馆自身发展的需要，也出于行业发展的需要。同时，我们也在每一个领域中追求极致——功能的极致、工艺的极致、效果的极致。我们相信：细节决定成败，极致创造卓越。

### 4.科艺结合，美学感化

科学和自然本身都具有高度的审美价值。在上海天文馆的设计中，不论建筑还是展示，空间还是平面，实体还是虚拟，视觉还是听觉，我们始终将科学和艺术的结合作为探索和追求的目标，力图从美的角度、以美的语言来展示科学、天文和自然。可以说是在科学传播教育的过程中融合叠加了美学的传播教育。很多观众参观上海天文馆后的强烈感受就是“美”，移步换景、处处是美，科学与艺术、理性与感性在这里融合，美的感化使科学的传播从知识层面上升到精神层面。

### 5.以人为本，分众设计

不论是建筑空间、服务设施，还是展示体验、教育活动，我们始终把公众的需求放在第一位，以用户思维为导向，希望建设一座满足观众需求、受到观众喜爱的天文馆。在项目建设的不同阶段，我们分别开展了数次深入的观众调查，从一开始针对天文馆的功能定位和主题内容的调研，到建设后期对展览教育和服务功能等详细需求的调研，逐步深入、层层递进，以观众的需求来指导具体项目的规划和设计。比如：在展示设计中充分考虑不同人群的天文知识储备情况和理解能力；在图文版和展品设计中提供多层次、多元化的信息传播；根据年龄、教育背景、参观目的、天文知识基础等对观众进行分类，并针对性地设计参观路线；全馆设置无障碍服务设施，在部分展区设置盲文图文版，开发针对特殊人群的教育活动课程，使更多人能够便捷地享受博物馆之旅；等等。

## 二、内容策划——全景式展现宇宙浩瀚图景

### （一）内容体系的建构

作为世界上最大的天文馆，具备较为充裕的空间条件，我们有机会在展览中全面涵盖现代天文学的主要方面，包括太阳和太阳系各大天体，银河系及其中的星团、星云，恒星结构及其演化，星系及星系团，以及整个宇宙大尺度的结构，等等。除了现象之外，我们还希望能够阐述其中的科学原理，例如引力、运动、光谱分析、元素分析、地外生命探索。此外，还应该展现人类关于宇宙探索的各种技术手段的进步、当代及未来的天文研究重大计划等等。在中国科学院上海天文台科普团队和众多科学家的帮助下，我们构建了几乎涵盖天文学各个领域的庞大知识体系，经过与全球各大天文馆内容体系的比较分析（图3-2），上海天文馆的内容涉及面和涵盖面是最为全面的，这为后来精心构思和高度凝练优化的展示体系奠定了坚实的基础。

除了内容体系的科学性和系统性之外，我们认为好的展览内容还需要充分体现“在地性”，即与博物馆所在地文化历史、地域特征相关的内容。上海天文馆对地域特色的表现主要着墨于“中华问天”特展区。“中华问天”全面阐述了中国古代、近代和现代在天文探索方面的历史和成就，内容已颇为全面。而对于上海而言，中国近代天文发展的历史本身就是一个极能体现地方特色的内容。中国的传统天文学从明朝末年开始受到外来文明科学的冲击，与西方传教士交往从而成为引进西方科技“第一人”的徐光启就是上海人士。而在清朝末年，西方传教士在中国最先建立的科学机构，包括徐家汇天文台、佘山天文台等，也都位于上海。因此上海是中国近代科学发展的发源地，也是中国近代

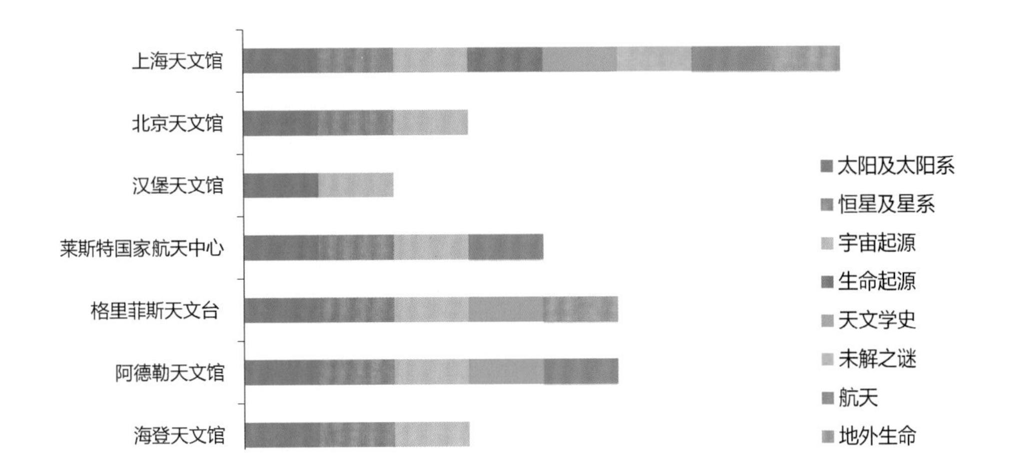


图3-2 全球各大天文馆内容体系对比

天文起步的摇篮，为此，我们在“中华问天”中相对详细地展开介绍了和上海相关的内容，以此作为上海天文馆在地域特色上的体现。

### （二）从内容体系到展示体系

在策展初期建立起来的庞大知识体系显然不能直接转化为展览，这也不符合我们自己所设定的顶层规划原则。如果仅仅将知识进行呈现和罗列，就变成了教科书，一定令人索然无味。那么，怎样将庞大的知识体系转化为观众理解和喜爱的体验形式？这对策展团队而言是一个巨大的挑战。从最初的内容纲要，到厚重的知识体系资料库，再到征求各方意见，不断优化调整、精心打磨，形成展示方案，我们用了超过五年的时间。

在前期调研中，我们发现国内外大多数天文馆都采用天体系统的分类来展开内容介绍，例如逐个介绍太阳系天体，然后是星团、星系、星系团，以及现代天文学中一些比较热门的话题，例如黑洞、地外生命、月球或火星探索等。如果继续采用这种传统的内容编排方式，一方面显得雷同、没有新意、缺乏趣味，另一方面实际上还停留于仅仅介绍现象而不展开阐释原理和启发好奇的层面。

经过反复的研讨和思想碰撞，同时也结合了建筑空间的特点，我们最终将常设展览分为主展区和特展区两大部分：主展区的三个展区在逻辑和空间上串联成一个完整的体系，用于完整系统地传播主体的科学内容；特展区的三个展区在主题和空间上都相对独立、各具特色，不强调相互之间的逻辑关系，而更主要的是用于补充主展区所未涉及的专题性内容，未来也可以灵活地进行主题和内容的更新。由于篇幅限制，本书仅对主展区的策展思路做展开介绍。

主展区作为完整、系统表达核心科学内容的主体，分为三个具体的展区——“家园”“宇宙”“征程”。我们给这三大主展区分别赋予了不同的特性，使它们无论从主题设定、内容深度，还是从风格定位、设计手法等方面，都具有各自鲜明的特色，但在整体上又是彼此关联的，串成了一个逻辑完整的故事线，由近至远，由浅入深，由熟悉至未知，由知识的探索步入人文的思考，三个展区分别对应于人类一直孜孜探求的三个终极问题：我们是谁？我们从哪里来？我们将要到哪里去？

### 1.“家园”展区

“家园”展区的知识内容主要是太阳系和银河系。所谓家园，最直接要谈的当然就是我们的地球，所以我们在展览空间中营造了一个外径达 20 米的巨大

“地球”，以最直接的方式呼应展区的主题。“地球”的外表面是“地球变迁”光影秀，宏大震撼的画面成为展区中当之无愧的视觉焦点，“地球”的内部则是独具特色的光学天象厅，带领观众领略浩瀚星空。关于地球，我们在知识的选取上特别关注了它在太空中的形象和演化历史，而没有去展开有关地理或地质的部分，这是我们根据天文馆的主题所选取的独特角度，以和自然历史博物馆的类似主题形成错位。根据地球模型的尺度，我们还安排了等比例高精度月球模型，以及表现壮观的太阳物质喷射现象的大型LED屏，以众多互动体验类展项和精美的图文呈现日、月、地的相关内容及三者之间的关系。

再扩展一层家园的概念，就是我们所在的太阳系，我们需要观众了解太阳系的整体结构，了解地球在太阳系之中的方位。关于这一部分内容的设计，我们抛弃了传统天文馆常用的逐个展示太阳系不同行星模型的方式，而是创新性地引入了“比较行星学”的思路和方法，将太阳系行星的相关内容进行主题式的分类比较，比如其他行星上是否存在水或其他液体？其他行星上是否存在磁场和极光？光环是土星独有的吗？火山是不是只在地球上存在？等等。通过一个又一个有趣的话题让观众在探索中更好地了解每一颗行星的特点。而为了建立更加系统性的认知，我们也设置了一个大型互动多媒体展项——“行星数据墙”，将所有行星的信息汇集于此，观众可以通过多点触摸的方式任意选择某一颗行星或几颗行星，通过媒体交互的方式进行便捷地总览和比较。

对于家园的概念，我们还可以进一步扩大其内涵，那就是将太阳系所在的整个银河系视作我们的家园，这是一个创新性的概念。叶叔华院士特别强调，一定要在天文馆中让观众明白我们在宇宙中的方位，而表达这一概念最直接的方式就是让观众知道我们身处在一个名为银河系的、由数千亿颗恒星所组成的庞大天体集团之中，太阳并非位于银河系的中心，而是位于距离银心约2.6万光年的一条分支旋臂之上，这是目前人类关于自身在宇宙中的位置的最新了解。我们用墙面上的巨幅投影来展现地球、太阳系、银河系的空间方位和相互关系，并以前沿的科学研究支撑画面内容，使观众通过逐层放大的画面解析对我们所处的宇宙坐标产生具体而直观的理解。

相较整个现代天文学的知识体系而言，太阳系的相关内容最接近普通公众，是观众比较熟悉和容易理解的，因此我们对“家园”展区的策展理念就是降低知识门槛和难度壁垒，通过浅显有趣的内容、丰富多元的形式、自主探索的交互，尽可能地让所有的观众，哪怕是青少年，都能够在这个展区中轻松地完成参观和体验，获得知识和乐趣，拉近公众和天文的距离。因此，这个展区拥有宏大的沉浸式场景布置和众多“高颜值”、适合打卡的“网红”展项，这并非“形式大于内容”的失控，而是策展团队基于展区传播目标和三个主展区节奏铺陈综合考量后的有意为之、精心安排。

### 2.“宇宙”展区

按照顶层规划，“宇宙”展区需要全面展示现代宇宙学的基本概念和最新成果，但在之前众多的传统天文馆中，很少见到系统性介绍现代宇宙学的案例，它们通常都只针对一些热点概念进行展示，而且大多数也只是围绕着天体和天体系统来进行知识展示。而我们的目标则是全面、系统地展示现代宇宙学，同时通过提炼其中的科学原理，帮助观众理解宇宙的基本运行规律。

为了达到这个传播目标，经过多轮方案的颠覆和迭代，我们创造性地从时空、引力、光、元素和生命这五个维度来解析宇宙运行的基本法则。这是一种全新的尝试，几乎没有先例可以参考，充满了困难和挑战，比如：许多传统意义上需要展示的内容，如星团、星云、星系的相关内容，应该放在哪个概念分区中展示？不同的概念分区是否会涉及同一个天体的内容？……颠覆教科书知识体系的全新策展理念要求我们把所有的内容打散和重新组织，在这个过程中，策展团队进行了激烈的研讨和思想碰撞，也做了很多妥协和取舍，而所有判断和决策的依据仍然是前文所述的策展理念和设计原则。或许也难免会有些遗憾，我们期待在未来的场馆运行阶段，通过临展和教育活动，以及常态化的更新优化加以弥补和提升。

现代宇宙学的许多概念对大多数观众而言都是比较陌生的，或者即使听说过，也都是一知半解，例如暗物质、暗能量、红移、多普勒效应、时空弯曲、引力透镜……我们清醒地认识到，要把这些问题完全讲解清楚，需要很强的物理学和数学基础，单靠在天文馆中的科普展示是很难做到的。同时，我们遵从“不是在写教科书，而是在激发好奇心”的理念，并没有去追求一定要让观众看懂每一个展项和每一段文字，更加注重的是传递一种信息，让公众知道现在的天文学家都在研究什么，为什么要做这些研究，目的是激励观众去思考这些问题。而要真正获得进一步的知识和解答，需要他们通过专业系统的学习来达到。如果观众在看过上海天文馆之后产生了对天文学的强烈兴趣，决心今后加入宇宙探索的队伍，那就是实现了我们建馆的初衷。

当然，我们不追求对每一个知识点的完全解释，并不意味着我们可以随意对待对这些知识的解释。事实上，我们对每一段知识的介绍都是竭尽全力，经过了一轮又一轮的反复斟酌和修改，甚至请文学专家进行文字润饰，其目的就是尽最大可能既精准又通俗地传达每一个科学概念的应有之义，观众如果具备了一定的数理基础，又具有一定的阅读耐心，那就一定能够看懂并提升对现代宇宙学知识的理解。

为了避免高深的现代科学知识使观众对科学产生疏远的感觉，我们在内容选择和文字解析上下功夫之余，更加注重展项设计的趣味性、艺术性和互动性。虽然“宇宙”展区是整个上海天文馆中专业知识含量最高的区域，但展区中众多的科学展项都充满着时尚、简约、现代的科学之美，线性灯营造的空间环境、黑白分明的主色调、亮丽精美的大幅灯箱、创意满满的互动展品、充满艺术气息的装置、引入戏剧情境的复原场景，都让人驻足其中、流连忘返。即使普通公众对科学内容只能做到浅显了解，他们也一定能在这里感受到宇宙的博大和神秘，体会极致和纯粹的理性之美。

### 3.“征程”展区

“征程”展区与前面两个主展区的策展风格截然不同，它的传播目标是展现人类数千年探索宇宙的伟大历程，重点是依托科技藏品的历史叙事、对科学人物和精神气质的演绎和弘扬。如果说“家园”展区类似于主题公园，“宇宙”展区更像科技馆，那么“征程”展区则更带有文博类场馆的气质。

“征程”展区包含“星河”“天文数字实验室”“飞天”“未解之谜”等四个主题区。第一部分“星河”主题区由于受到建筑结构的影响，需要设置在一条狭长的走廊中，空间条件很不理想，对策展设计构成了很大的困难。我们基于天文史本身的线性叙事特点，结合狭长走廊的空间条件，巧妙地构想出了“星河”的概念，把这里假想为一条蜿蜒的河流，“星河”具有双关语的含义，指星星组成的河流，更指一条承载着众多科学“明星”（天文学家）和重大科学事件的时间长河。

“星河”主题区虽然狭长逼仄，但内容逻辑和空间逻辑却非常清晰。顺着观众行进的方向，走道中间通过一组艺术装置展现了人类历史上最重要的五种宇宙观（天圆地方、地心说、日心说、银河系和宇宙大爆炸）。在空间布局上，五个艺术装置的安装高度从地面到天花板依次抬升，隐喻了人类对宇宙认知高度的不断提升。走道的左侧墙面上设置了立体图文时间线，按时间顺序罗列了影响世界天文学发展的重要里程碑事件，其内容选择是对策展人员专业能力的考验，既要精准又要精练，高度概括、一目了然。展区的右侧墙面上是对历史事件和人物的重点解说，犹如用一枚放大镜对左侧时间线上的重点进行放大演绎，通过实物陈列、图文解析、互动媒体、机电装置和复原场景等多种方式，呈现了古巴比伦天文学、古希腊天文学、哥白尼日心说、开普勒三大定律、牛顿万有引力定律等重要内容。“星河”主题区有效贯通了时间和空间，通过天地墙浑然一体的流畅叙事，在有限的空间中实现了一眼千年的观展体验。

“星河”主题区的另一个亮点是散布在其中的珍贵的原版科学原著和其他观测仪器类天文文物，我们将在后文进行专题阐述。这些从世界各地征集而来的科技藏品使“星河”和“征程”乃至上海天文馆不再只是一个单纯的科技馆或体验中心，而是通过不可替代的历史痕迹记录了科技史和文明史的发展。

“天文数字实验室”同样是上海天文馆的原创巧思，目的是希望改变公众对于天文学研究方法的刻板印象和传统认知，这个区域同样不是以知识传播为主要目标，而是通过体验的方式传播科学方法和科学思想。今天的天文学研究需要强大的计算机和数据处理系统，天文学家需要对望远镜获得的海量数据进行有效的处理和分析，从而总结出新的科学规律，增进对宇宙的了解。我们设置了一系列难度不同的课程项目，让观众在游戏般的体验过程中获得关于当代天文学研究方法的直观感受。

“飞天”主题区包含了两条主线：一条是世界航天科技发展历史上的重要事件，我们以精练的语言和艺术化的展示手法呈现了其中的重大事件、英雄人物和宇宙探索项目；另一条则是中国的航天成就，特别是与天文相关的三大航天领域科技成果——嫦娥探月、火星探测、天宫号实验室。“飞天”主题区通过逼真宏大的场景再现使公众感受人类探索宇宙的不懈努力和科技发展的伟大力量，同时也是爱国主义教育的最佳课堂。

“征程”作为上海天文馆内一个兼具科技和人文气质的展区，回溯了人类对星空的原始向往，解读了我们探索宇宙的初心，呈现了人类飞向深空所需具备的献身精神和百折不挠的豪情壮志，是对“连接人和宇宙”展示主题的最好演绎。

## 三、实物征集——全球视野下的珍奇宝藏

上海天文馆在考察世界各大天文馆的过程中，注意到许多成功的天文馆都拥有较为丰富的实物收藏，而对于天文馆而言，最常见的实物就是陨石和文物了。德意志博物馆和美国的阿德勒天文馆都以拥有极其丰富的文物藏品而著称，这是它们悠久历史的深厚积淀，作为一个新建场馆，我们很难与其相比，但是有计划地征集一定数量的陨石标本和天文文物一定会提升天文馆的历史底蕴和文化内涵，也为未来的发展奠定基础。

为此，上海天文馆的策展团队很早就制订了系统的陨石和文物征集计划，并派专人前往紫金山天文台学习陨石专业知识。但是，陨石交易在国内仍属于很小众的市场，掌握真品陨石资源的供货人寥寥无几，而天文文物在国内可以说根本就没有市场，我们需要另辟蹊径。

### （一）定位准确觅陨石

陨石交易在中国兴起的时间不过 20 年左右，大部分优质陨石都是从国外被采购后进入国内销售，而国内几乎没有哪个国有博物馆或科技馆把陨石作为重要的藏品或展品，所以在国内，陨石基本上都是在陨石爱好者之间流通，市场化水平低，更严重的是真伪混杂，假陨石横行。这些情况对我们的陨石征集工作构成了严峻的挑战，因此陨石征集小组在学习陨石基本知识的同时，也广泛地了解国内外陨石市场和供应商的情况，为后续实施征集工作奠定了基础。

在摸清陨石市场的情况之后，陨石征集小组的重要任务就是制订一个合理的征集计划。陨石征集的总预算是有限的，珍贵的陨石又是十分昂贵的，所以一定要有一个指向明确的征集目标，才能做到有的放矢，使政府资金的投入效益最大化。经过仔细研讨和咨询专家，我们为陨石征集制定了几个明确的原则：（1）尽量征求更多的品种；（2）以目击陨石为优先选择目标；（3）尽量选择国内外具有较高知名度，或者说有故事的陨石品种；（4）征集的陨石要品相优良，且有一定的体量，符合展览需求。陨石征集小组在后来的工作中正是遵循了这些原则，先是根据预算和当时掌握的陨石信息制订了总的征集计划，然后逐年根据新的市场情况进行动态调整，同时还十分注意供应商选择的广泛性，国内比较重要的陨石收藏家或供应商基本上都参与了上海天文馆的陨石征集工作。

根据工作目标和原则，上海天文馆的陨石征集首先要尽可能实现品种齐全的目标，“家园”展区的“天外来客”展项群展出了约70件世界知名的陨石，涵盖了铁陨石、石陨石、石铁陨石中的大部分品种，包括了进一步细分的橄榄陨石、中铁陨石、普通球粒陨石、碳质球粒陨石、月球陨石、火星陨石、灶神星陨石，以及多种类型的铁陨石等。在天文馆的展柜里有一张大型陨石分类表（图3-3），从这张表可以学习到现代陨石学关于陨石的分类，而在每一个分类中，我们已征集到的都附上了一小片实物样品，尚未获得的暂时用透明玻璃球做标识，希望未来能够通过继续征集来填满这张分类表。由此可以看出，上海天文馆征集到的陨石品种已经覆盖了80%以上，对于一个刚刚起步的天文馆来说，这是一个很了不起的成果。

丰富的目击陨石是上海天文馆陨石收藏的一大特色，这一类陨石都是坠落时间不过几十年的新鲜品，其外表呈现了非常鲜明的新鲜陨石之特征，如熔壳、气印等，品相漂亮，同时也具有很好的科普效果，多看这类陨石，就能了解陨石和地球岩石的差异，有利于学会分辨和鉴别。上海天文馆收藏的目击陨石约20块，比较著名的包括：俄罗斯阿林陨石、俄罗斯车里雅宾斯克陨石，摩洛哥提森特火星陨石，中

图3-3 “陨石分类表”展柜

国的鄄城陨石、西宁陨石、班玛陨石、随州陨石，还有上海的长兴一号陨石等。长兴一号陨石是上海地区唯一的目击陨石，1964 年坠落于长兴岛，表面包裹黑色熔壳，并有显著的气印和熔流纹，品质上佳又带有无可替代的地域特点，堪称上海天文馆的“镇馆之宝”。

上海天文馆还征集到了一些十分珍贵、在其他场馆难得一见的陨石样品（图 3-4 至图 3-7）。例如：人类历史上第一例先在天上发现了小行星（2008TC3），后来跟踪其坠落于苏丹的第六站陨石；1995 年坠落于内蒙古的东乌珠穆沁旗中铁陨石，它是目击陨石中极其稀有的品种；2011 年目击坠落的摩洛哥提森特火星陨石，其学术研究结果为火星上曾经有水存在提供了重要证据，展出的这一

图3-4　馆藏陨石标本：俄罗斯阿林陨石（上左）
图3-5　馆藏陨石标本：摩洛哥提森特火星陨石（上右）
图3-6　馆藏陨石标本：中国长兴一号陨石（下左）
图3-7　馆藏陨石标本：中国东乌珠穆沁旗中铁陨石（下右）

图3-8 “曼桂一号”陨石和陨石坑

块品相很好。此外，我们还收藏了多块新近发现的具有很高科研价值的陨石品种，如 2015 年发现的顽火辉石无球粒陨石 NWA10519、2019 年发现的原始无球粒陨石 NWA12869、CM2 型碳质球粒陨石阿瓜斯萨卡斯陨石等。中国极地研究中心也为上海天文馆借展了两块在南极采集到的陨石珍品 GRV022021 和 GRV053689。

有趣的是，上海天文馆竟然还征集到了一个陨石撞击地面形成的陨石坑，这来自 2018 年 6 月 1 日发生于西双版纳的一场陨石雨，上海的一位收藏家购买了其中最大的一块陨石（“曼桂一号”），同时向我们提供了陨石坑仍然保存完好的信息。策展团队非常敏感地意识到这处陨石坑同样也是一件不可多得的独特展品，连夜赶往西双版纳陨石坠落的现场。经过多方努力，最终这个位于私人茶园、保存完好的陨石坑（直径 13 厘米，深 25 厘米）（图 3-8）由其原主人捐赠给了上海天文馆。由此，上海天文馆首次成功获得了火流星目击视频、陨石主体回收、陨石坑取样回收的全过程实证记录。经陨石拥有者同意，“曼桂一号”陨石也同步在馆中与陨石坑一同展出。据我们了解，这一类型的收藏全球独此一例。

陨石征集还有一个十分重要的环节，就是样品的鉴定。事实上，国内的陨石市场中假货很多，所以我们基本上都要求供应商提供他们从国外进货的证明或是“陨石猎人”寻找过程的证明，然后再取样送往专业机构进行鉴定。中国科学院紫金山天文台和广州地球化学研究所都为上海天文馆的陨石鉴定做出了重要贡献，多环节的信息佐证和专家鉴定确保了上海天文馆展出的每一块陨石不仅都是真品，而且具备完整准确的科学鉴定信息。

### （二）独辟蹊径找文物

除了陨石，天文科学发展史上的文物也是天文馆重要的实物展品，这些文物见证了天文科学的发展历程，对于增进公众对世界天文科学发展的认识具有重要意义。但是如何实现这一征集任务难住了我们。

天文文物收藏之难的一个原因是几乎不存在可在市场上流通的中国本土天文文物。这是中国古代禁止民间私习天文的传统造成的，中国古代也曾经有过发达的天文成就，然而能够保留下来的中国天文文物却只有两种类型：一类是国之重器，主要是北京古观象台和南京的中国科学院紫金山天文台上陈列的那些大型天文仪器；另一类就是从古墓中获得的天文文物。无论哪一类，都早已为相关国有博物馆收藏，不可能进入市场流通。而在国外，因为最近几百年来的欧洲贵族常常以喜好天文为时尚，所以留存下来大量的天文文物，例如望远镜、星盘、星图、星表等。这些文物虽然可以通过直接购买的方式征集，但因为缺乏需求而基本没有国内市场，需要到国外去做调研和采购，操作难度很大。

功夫不负有心人，在同样位于临港的博物馆同行中国航海博物馆的帮助下，我们找到了文物征集工作的突破口。同时，我们还发现由于天文和航海的关系非常密切，中国航海博物馆提供的这个征集渠道对我们非常合适。而我们团队中的天文学史博士大大加强了天文学史专业的学术保障，经过一段时间的磨合和探索，我们在海外征集天文文物的路径终于被打通了。

和陨石征集一样，文物征集的实施也是首先制订总体征集计划，然后逐年实施并动态调整，不同的是，因为国内几乎没有天文文物交易市场，因此我们早期获取的信息十分有限，每年的计划调整比较大，工作进度也比原计划要慢。此外，如何找到天文文物市场价格依据也是一个挑战，一本原版著作的文物价值显然是不能用 eBay 上的价格来作为衡量标准的，那么怎样才能规避价格风险呢？我们一方面依靠专家，多次召开天文学史和博物馆文物方面专家的咨询会，请专家们集体把关；另一方面多渠道打听国外的市场行情，多方比较，尽最大努力实现最高的性价比。虽然后期由于新冠疫情的影响，我们未能按计划完成所有天文文物的征集任务，但所幸已完成的征集已基本满足展示所需。同时，我们也可以自豪地说，中国的天文文物征集市场，就是上海天文馆的藏品征集团队开创建立起来的。

“征程”展区的“星河”主题区展出了数十件天文文物精品，其中最大的特色就是展出了托勒密、第谷、开普勒、伽利略等多位影响世界科学发展的重量级科学家出版的原版著作，均为国内罕见，甚至可能独此一本。

特别值得一提的是牛顿的《自然哲学的数学原理》英文第一版（1729 年，上下两册）（图 3-9），这是影响世界科学发展的巨著，牛顿力学体系及著名的万有引力定律就出现在该书中。该书最初的版本都是拉丁文版，数量稀少，基本上都为国外各大博物馆所收藏，市面上不见踪影，而上海天文馆获得的这一本是英文第一版。文物征集小组在调研中偶然得知它将于 2016 年 11 月在伦敦佳士得国际拍卖会上出现，就立即组织专家进行评估并委托联系人前往拍卖会，

图3-9　牛顿《自然哲学的数学原理》英文第一版

几经波折终于惊险“抢”得此书。更为煎熬的是，完成拍卖之后，英国方面通知我们并不能直接获得此书，因为他们认定此书属于英国的潜在国宝，需要启动国宝出售审核程序。项目组苦心等待了七个月后，才真正被告知获得了此书的所有权，这也是我们通过拍卖方式征集的多项文物中唯一获得如此“待遇”的藏品，可见其身价之不凡。

除了这本牛顿的巨著，上海天文馆展出的其他多本科学名著同样都是已有 400 年左右历史的原版图书，例如：开普勒根据日心说和三大运动定律编制的《鲁道夫星表》（1627 年）、伽利略的《伽利略合集》（1744 年）和《对话录》（1635 年）、第谷的《论天界之新现象》（1610 年）、托勒密的地心说著作《天文学大成》（1515 年），以及牛顿的另一本巨著《光学》（1604 年）等。

图3-10　上海天文馆馆藏文物：18世纪初荷兰产天球仪（左）
图3-11　上海天文馆馆藏文物：法国丹佛里·菲利普制天文星盘（中）
图3-12　上海天文馆馆藏文物：英国产格里高利式3英寸铜制反射望远镜（右）

在征集科学名著的同时，我们还征集了许多精美的古典星图，包括著名的波德星图、哥德巴赫星图、弗拉姆斯蒂德星图，以及其他一些欧洲古代星图等，部分精品以放大的复制件形式在展区中进行展示，从中可以看到许多与星座有关的神话形象，以及历史上曾经出现过的各种关于宇宙观的图书插图。

上海天文馆文物展柜中还展出了其他各种天文观测和研究类文物，包括精美的早期天球仪、星盘和一些古董望远镜等（图3-10至图3-12），其中特别珍贵的有法国丹佛里·菲利普制作的纸质天文星盘，欧洲常见的星盘都是金属制的，而这一件则采用多张纸质插片嵌入木质外框的形式，据说此人同类作品已知存世的除此之外仅有五件。

除了真正的文物之外，上海天文馆中还展示了一些博物馆级的高仿复制品，特别是伽利略发明的第一台折射望远镜和牛顿的第一台反射望远镜等，原件都是世界级的珍宝，连国外的博物馆也不展示原件，我们征集的这一台伽利略折射望远镜高仿品，其制作人就是为意大利伽利略博物馆提供伽利略折射望远镜高仿品的制作人。

回到中国自己的天文文物，我们在中国科学院上海天文台的帮助下，借到了佘山天文台保存的《徐家汇天文台年刊》和《佘山天文台年刊》、佘山天文台的玻璃底片、佘山天文台首任台长手绘天体图及手写记录本等，这些都是拥有百年以上历史的珍贵文物，是中国近代天文学发展历史的重要见证实物。

## 四、展示设计——创设多感官体验之旅

上海天文馆以打造“体验式学习”为目标，紧紧围绕“我们不是在写一本教科书，而是在创造一段体验”的设计原则来创设展览展示。

在天文馆展示构建过程中，我们始终以“引发公众的好奇心”为前提，对于每个展示主题都强调传播目标的设定，以传播目标引领内容体系构建，根据内容特点创设展示形式，力求为每一个主题选择最合适的展示载体。同时，上海天文馆运用精心设计的环境氛围、灯光音效和高仿真场景模拟手段，构建起一个沉浸式宇宙空间体验环境。在这神秘美丽、铭刻心动的时空意境中，观众可通过多元的体验形式获得从感官互动到情感共鸣的丰富的和全新的宇宙探索体验，从而获得深刻的观展和学习经历。除了上述原则，我们兼顾展示形式的创新性、展示技术的前沿性、技术方案的落地性、建设成本的可控性、管理维护的便利性等等。上海天文馆300余件展品中，原创比例高达85%，互动展品占比50%以上。

在本小节中，我们将以案例分析的形式来介绍上海天文馆展示设计的理念与实践、探索和创新，并探讨如何将内容与形式紧密结合，创造令人难忘的观展体验，充分地达成科学传播目标。

## （一）情绪设计激发共鸣

情绪曲线的独特设计是上海天文馆展示设计中的一个亮点和创新点。以三个主展区为例，观众参观展览犹如观看一部电影或欣赏一首乐曲，既有平缓静谧的篇章，也有激情澎湃的高潮，更有怦然心动、潸然泪下的瞬间。在主展区的整体规划中，我们从观众需求和心理出发，在参观动线中预埋了情感动线，通过主题内容、展示形式、环境氛围、感官交互、人文艺术等多种方式触发观众的情感共鸣，引导他们欣赏自然、感受自然、敬畏自然。

除了贯穿三个主展区的长线设计以外，我们也在展区各处布局了一系列富有情感冲击力、引发意外惊喜的“WOW”展项，例如刚步入“家园”时的满天繁星、走入“星际穿越”时的梦幻漂浮、在旋绕的“黑洞”中的拍照打卡、“假如……”剧场最后的机械门开启等等。在规划设计阶段，我们就结合关于观众的心理分析，对这些“WOW”展项进行了精心的布局，而在展馆实际开放后，大多数观众也确实如我们所预测的一般，情不自禁地发出“WOW”的惊叹。这些情绪设计中的小亮点，可以有效调动观众情绪，缓解参观疲劳感，串联起感性和理性，共同打造起伏有致的参观体验。

### 1.从“三看地球”到“暗淡蓝点”

在情绪设计中最有代表性的是充分利用并改造了部分建筑空间、结合故事

图3-13　三看地球

线和参观动线所形成的贯穿三个主展区的“三看地球+暗淡蓝点”组合。

观众在“飞天”主题区的最后，将走出核心舱，步上悬浮在空中的天桥，在这里仿佛漫步星空，并从空中俯瞰地球，令人浮想联翩。走到这里，细心的观众可能会领悟到天文馆主展区的巧妙构思——“大地球”是三个主展区共同的空间、故事和视觉焦点。在整个主展区的参观过程中，观众会在不知不觉中经历三次从不同角度、不同高度看地球的奇妙体验。

首先，是在刚入场的“家园”展区，从仰视的角度感受巨大地球带来的震撼；然后，是在“宇宙”展区，以平视的角度欣赏地球的夜半球，感受人类文明的印迹；最后，在展览即将结束的“征程”展区，从天桥上以太空视角俯瞰地球。“三看地球”（图3-13）巧妙地串起了三个主展区，随着故事主线的推进和观看角度的不同，观众会产生不同的联想和感悟，形成跌宕起伏的观展体验。

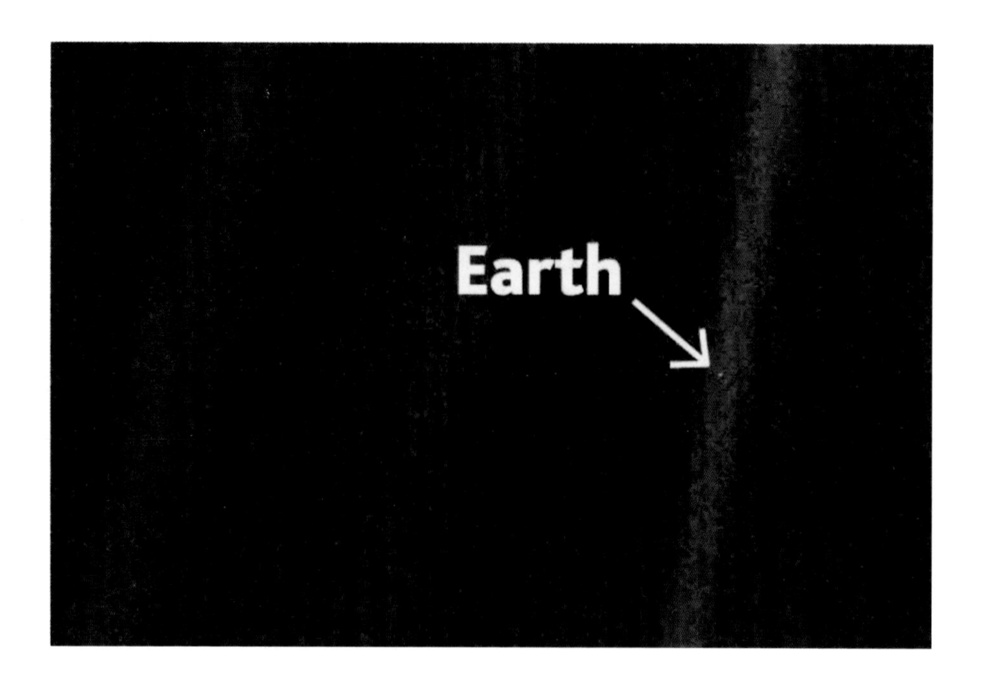


图3-14 “暗淡蓝点”原图

在“三看地球”的铺垫下，我们在整个主展区参观流线的尾声设计了一个特别的展项——“暗淡蓝点”（图3-14）。“旅行者一号”空间探测器在离开太阳系前，回眸拍下了一张著名的照片，在这张照片中，太阳和所有的行星一起出现在画面中，在浩渺的宇宙空间中，地球仅为一个像素那么大的小点。该展项就以这张照片为主题，展开了对人类历史和人性的探讨。

伴随着“旅行者一号”的慢慢远行，太阳系中的各大行星纷纷远离我们而去，我们的行星家园——地球也渐渐远去、慢慢变小，最后缩小为一个暗淡的蓝点，而这个小小的蓝点就是所有人类共同和唯一的家园。主导了该创举的科学家卡

图3-15 “假如……”剧场

尔·萨根多年前的原声演讲在耳边响起，引导观众从更大的时空尺度去看待人类的过去、现在和未来，审视我们与这个行星家园的关系，呼吁世界和平，呼吁珍爱地球。这个出现在展览主线尾声的“暗淡蓝点”引发了众多观众强烈的情感共鸣，他们在此驻足，反复观看，并为之深深感动。

如果说“三看地球”是一串项链的话，那么“暗淡蓝点”就是这串项链中最动人的那颗珍珠。

## 2.“假如……”剧场——向好奇心致敬

在“宇宙”展区，我们希望能向观众展现宇宙运行的基本规律和各种要素，也希望能引导观众以思辨的眼光来看待宇宙的运行法则。为了实现这个传播目标，我们设计了一个多媒体剧场来承担“任务”，并为它起名“假如……”剧场。

“假如……”剧场（图3-15）在空间上位于“宇宙”展区的后半段，连接了“时空”“引力”“光”“元素”四个主题区和最后一个主题区“生命”。在此，我们通过一段八分钟的动画影片讲述了一对父女的探险故事。跟随片中人物，我们将启动一个名为“假如宇宙大冒险”的游戏装置，并假设宇宙中的一些基本常数发生改变，这个世界将会发生什么，而进入这个改变后的世界的我们又会遭遇怎样的危机。

“假如”代表了人类的好奇心和质疑精神，通过对固有思维和科学规律的反思和挑战，我们将引导观众不走寻常路地想象世界的改变，从而反过来理解我们的宇宙正是由一系列微妙的平衡构成，其中任何一项参数的微小改变都会引发整个宇宙的改变，甚至引发彻底的崩塌。进而，观众们会意识到我们人类所处的这个星球正是一系列“巧合”下的产物，假如在宇宙演化的进程中有任何一个因素发生改变，地球都不会存在，而所有的生命包括人类也不可能产生，我们应该共同珍惜这个无比珍贵的家园。

在影片中，“假如宇宙大冒险”游戏装置将带领我们前往那些熟悉而陌生的平行世界，这些魔幻的场景并非设计师的随意想象，而是在科学家的指导下所展开的创意设计，既遵循了基本的科学原理，又满足了艺术表现和审美要求，完美地实现了科学和艺术的结合。同时，为了让观众能更好地融入剧情，我们以搞笑无厘头的父亲和聪明伶俐的七岁女儿为主角，一个理性、一个感性，一个严谨、一个浪漫，父女之间有趣的对话和情感互动也增加了影片的可看性，使冷峻的科学也能带有人间温情（图 3-16、图 3-17）。

在影片的结尾处，承载万家灯火的地球影像出现在银幕上，此时银幕突然从中间缓缓开启，从这个逐渐扩大的窗口中，巨大的实体地球模型逐渐展现在观众眼前，那不就是“家园”展区中那颗无比美丽的蓝色星球吗？从虚拟影像到实体景象的转化，使观众在惊喜之余，不由得静静观赏我们的共同家园和这颗星球上遍布的人类痕迹，萌生对自然与生命的敬畏。带着这样的感受，观众在后续的“生命”主题区参观中，或许会带着更加充分的情绪铺垫，获得更深刻的心灵触动。

图3-16　“假如……”剧场现场（上）
图3-17　“假如……”剧场设计草图（下）

图3-18 “奇异时空”场景

### 3.奇异时空——穿越时空遇到爱因斯坦

提到爱因斯坦的相对论，很多人都会感觉高深莫测、难以理解，我们希望能以一种诙谐有趣的方式让观众认识一下爱因斯坦这位“科学怪人”，同时也能感受一下相对论所描述的奇异世界。为此，我们结合由爱因斯坦提出的虫洞理论，设计了“奇异时空”主题场景（图 3-18）。

在“时空”主题区通向“引力”主题区的通道墙面上，观众会发现扭曲的时空曲线中隐约藏着一扇门，当他们触动墙面上的门铃启动这扇扭曲变形的时空之门，就可以进入一个“时光传送装置”，耳畔的语音提醒观众即将前往 1905 年的瑞士伯尔尼。随着另一扇门的开启，观众将来到 100 多年前爱因斯坦常常光顾的咖啡馆，并偶遇当年刚刚 26 岁的爱因斯坦。

在这个穿越时空的主题场景中，一切都按照 20 世纪初的历史风貌进行复原，不论是街道景象、建筑风格，还是室内装饰、家具陈列，甚至是墙面上张贴的海报，都是我们查阅了大量历史资料后严格按照历史场景复原的（图3-19）。而爱因斯坦的人物形象、服装、发型，乃至跷着的二郎腿和手握的烟斗，也同样是我们参照大量历史资料比对研究后的精心设计（图3-20）。在日本制作完成的爱因斯坦高仿真硅胶人像蕴含了高超的模型技术，真实的皮肤触感更是让观众不由得想坐在另一侧的座位上，和这位科学巨匠来个合影。而走出这个奇异时空，观众将来到爱因斯坦的教室，对相对论做个初步的了解。

同时，这个场景中还隐藏了不少小细节，比如采用投影方式让咖啡馆外的街景呈现动态效果，并增加了画面的进深；桌上的咖啡杯里也隐藏了微型投影仪，在咖啡液面上投射出动态画面；而桌上的报纸内容，正是对爱因斯坦发表狭义相对论的新闻报道；等等。由于现场空间较小，实景与虚景之间的连接和过渡充满挑战，设计师进行了反复的现场调试和优化，最终实现了完美的展示效果。

通过这样一段充满意外和趣味的“时空穿越”之旅，我们希望观众们发现其实相对论也不是那么遥不可及，爱因斯坦也很平易近人，科学其实也很有趣！

### （二）展示创新让科学易懂有趣

在上海天文馆的展示设计中，内容和形式不再是简单的主次关系或依从关系，内容决定形式，形式也要服务于内容，但好的形式可以激发内容的潜力，甚至形式本身也可以成为一种特殊的体验，创造独特的价值。因此，内容和形式是一对关系密切的伙伴，难分彼此。我们在展项的设计中，会积极探索内容和形式的关系，也力图从方法论的角度去思考和创新。

图3-19　“奇异时空”环境设计参考资料（上）

图3-20　爱因斯坦坐姿参考资料（下）

### 1.宇宙大年历——巧妙类比拉近科学与生活的距离

无论是从时间还是空间上看，宇宙的尺度都超出常人的想象。人的一生只有几十年，相对于宇宙 138 亿年的年龄，只是极为短暂的一瞬，要真正理解这个漫长的时间跨度是非常困难的。这个项目的难点和重点，一是要让观众理解 138 亿年到底有多长，二是要让观众对宇宙的演化有个全面系统的了解。

138 亿年对于很多人来说只是个数字，但是对于一年 12 个月，每个人都能有非常直观具体的认知。为此，我们采取了尺度缩放的类比手法，来让观众理解 138 亿年的时间概念。具体来说，就是将 138 亿年浓缩为一年 12 个月，把宇宙演化的大事件提炼出来，按照时间比例分散到每个月份中，这样观众就能够在熟悉的时间尺度内通过类比对照，来了解宇宙演化的时间尺度，同时也能够建立起更加宏观系统的视角，真正做到“一眼纵览百亿年”。

宇宙的演化是宏大的，过程中发生的天文事件又是美丽而震撼的，大型媒体无疑是表达这一主题最理想的展示形式。然而既要宏大震撼，又要独立反映每一个具体事件，如何能做到呢？为了达成这个目标，我们用 12 组竖向屏幕横向连接组成高约 3.7 米、宽约 8.4 米的大幅画面，每一组竖向屏幕对应 1 个月的时间跨度，连起来正好是 12 个月（图 3-21）。在每组竖向屏幕上会以独立画面展示对应月份的演化事件，12 组屏幕也可以连成一块大屏幕，展示片头片尾的宏大画面。观众可以站在一定距离外观看大画面的整体效果，也可以走近其中一块屏幕仔细观看细节故事。

为了使近距离观看每组屏幕的效果更加震撼，我们在每组屏幕之间设计了镜面，在地面和天花板也设置了高反射镜面材料，这样既可以遮挡周围的景物，使每组屏幕的画面更加独立完整，又可以使画面在镜面中无限延伸，带来包围感强烈的沉浸感受。由于现场空间中，大年历的 12 组屏幕呈弧形微微向外凸出，我们又通过搭建实验进一步确定了镜面的尺寸，以更好地兼顾每块屏幕的独立效果和 12 个画面

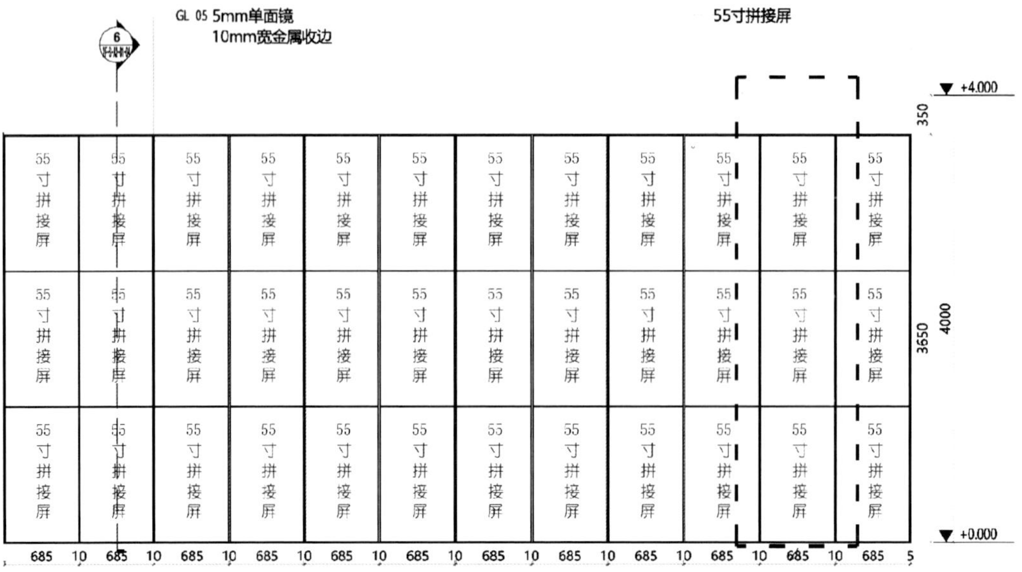

图3-21　“宇宙大年历”设计图

联合起来的整体效果（图 3-22）。

完成后的“宇宙大年历”有着非常惊艳的展示效果，在众多宣传视频和网络直播中亮相，并成为“宇宙”展区的标志性展项之一。回顾创意设计过程，类比手法的运用、统分结合的画面组合、现场空间的巧妙利用、视频动画的精彩演绎都是成功的必要条件，一个精彩的展项需要理念、内容与形式的完美结合。

## 2.行星数据墙——科学数据可视化展示

在上海天文馆中，为了更直观、形象、生动地表现天体的空间分布、运动状态和演化规律等抽象概念，我们大量应用了科学数据的可视化手段，再通过不同的展示形式呈现在观众面前。

图3-22 “宇宙大年历”展项

可视化（visualization）来源于计算机科学，是指利用计算机图形学和图像处理技术，将数据转换成图形或图像，并显示在屏幕等输出设备上的理论、方法和技术。可视化领域中的一个重要分支就是科学计算可视化（visualization in scientific computing），旨在把科学数据转化为更为直观的、能够表达多维信息的图形、图像或多媒体形式。而广义上的可视化不仅仅应用在计算机科学领域，现已推广到影视、艺术、制造等多个领域，也比以往更强调交互功能。

“行星数据墙”就是一个典型的天文科学数据可视化的应用案例。在“家园”展区中，太阳系八大行星的相关内容是重点展示内容，为了更好地启发观众的思考，我们采取了对比展示的手法，除了图文、模型、场景、机电互动等展示手法外，还需要一个可供多人参与的交互式媒体平台。为此，我们设计了“行星数据墙”展项（图 3-23），将八大行星的基本信息如大小、质量、结构等全部集中到数据库，并通过可视化图形方式呈现（图 3-24、图 3-25），观众可以通过大型触摸屏选取想要比

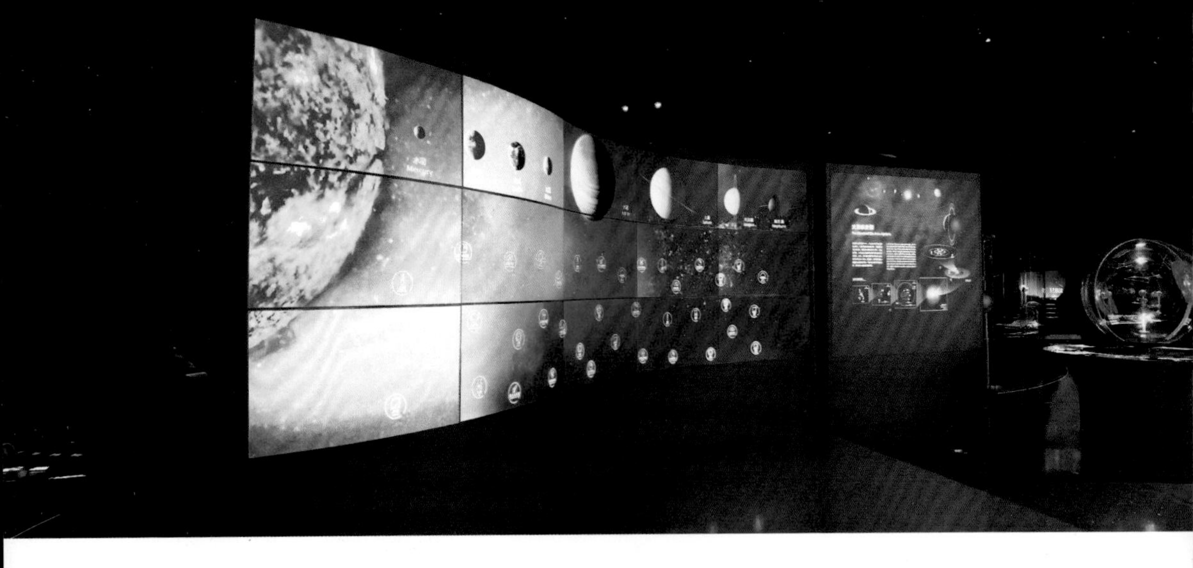

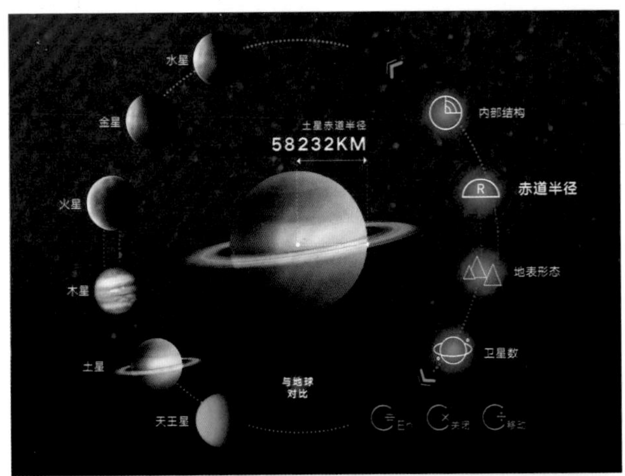


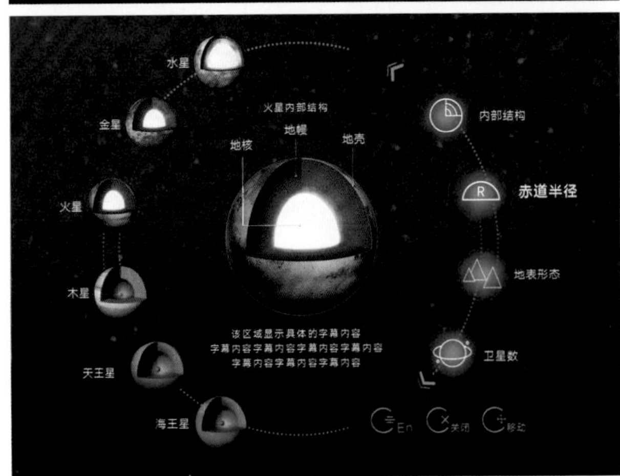


图3-23　“行星数据墙”展项（上）
图3-24　“行星数据墙”交互界面（1）（中）
图3-25　“行星数据墙”交互界面（2）（下）

图3-26　月球模型

较的两颗行星，非常直观地了解所有信息。

说到这个大型触摸屏，它的交互方式虽然接近很多博物馆中都有的“魔墙”系统，但其实是上海天文馆原创的创新性展品。为了适应以曲线和曲面为特色的展区空间特点，这块大型触摸屏由多组 S 形曲面 OLED 屏幕组合而成。为了实现曲面屏的触摸互动，我们经过了多次技术攻关才成功研发出曲面屏多点触控技术，使多名观众可以同时在屏幕上进行顺畅的交互操作。

除此之外，上海天文馆中还有多个应用科学数据可视化的项目。例如，在天文数字实验室中，我们与中国科学院计算机网络信息中心合作，运用大量天文大数据可视化研究技术和成果，通过不同难度的游戏化项目，让观众体验当代天文学家的研究方法。又如，“家园”展区内 5.5 米直径的月球模型（图 3-26），是基于我国探月工程嫦娥二号卫星数据和美国 NASA 月球勘测轨道飞行器（LRO）的数据，对月球地形高程差做了七倍放大后经三维建模打印而成。再如，“仰望星空”的星座装置是选取了星表中恒星的赤道坐标（$\alpha$, $\delta$）和距离 $d$ 数据，构建起相对空间坐标（$x$, $y$, $z$），再做角度旋转处理后呈现，实现了从科学数据到展品展项的全流程可视化转化。

### 3.元素周期表——创新手法演绎经典内容

元素周期表是化学课本中最基础的内容，也是几乎所有的科技馆都会展示的内容。元素周期表为什么会出现在天文馆中，我们又该如何在天文学的语境下展示元素周期表呢？

所有在自然界存在的天然元素都不仅仅存在于地球上，而是普遍存在于整个宇宙空间中，只是不同事物的元素的组成比例不同。同时，每一种元素也都不是凭空产生的，它们都诞生和来源于不同的宇宙事件中发生的某个物理过程。不论天上地下，组成世间万物的所有元素都来源于星际空间，来自宇宙。

这是一个既熟悉又陌生的主题，观众看到元素周期表时，很可能会认为这是老生常谈而提不起兴趣。为了激发观众的探索热情，我们必须要创新一种展示形式，吸引观众了解天文和元素之间的有趣关联。于是，我们将元素周期表设计为大型机械矩阵（图 3-27、图 3-28），每一种元素都拥有一个可双面展示的小景箱，一面是元素的名称和符号，另一面则是该元素的实样或图片。一整面墙的元素景箱展示出来非常壮观，很多观众都会驻足观看。

观众可以移动操作台上的滑钮，选择宇宙中发生的不同物理过程，如宇宙大爆炸（图 3-29）、大质量恒星爆炸、小质量恒星死亡、宇宙射线裂变、中子星合并、白矮星爆炸、人工合成等，看看这些过程分别都产生了哪些元素；观众还可以继续推动滑钮，选择不同的天体和物体，比如整个宇宙、银河系、太阳系、地球、大气、海洋和人体等，看看它们分别由哪些元素构成，所有和选项相关

图3-27　“元素周期表”展项（1）（上）
图3-28　“元素周期表”展项（2）（下）

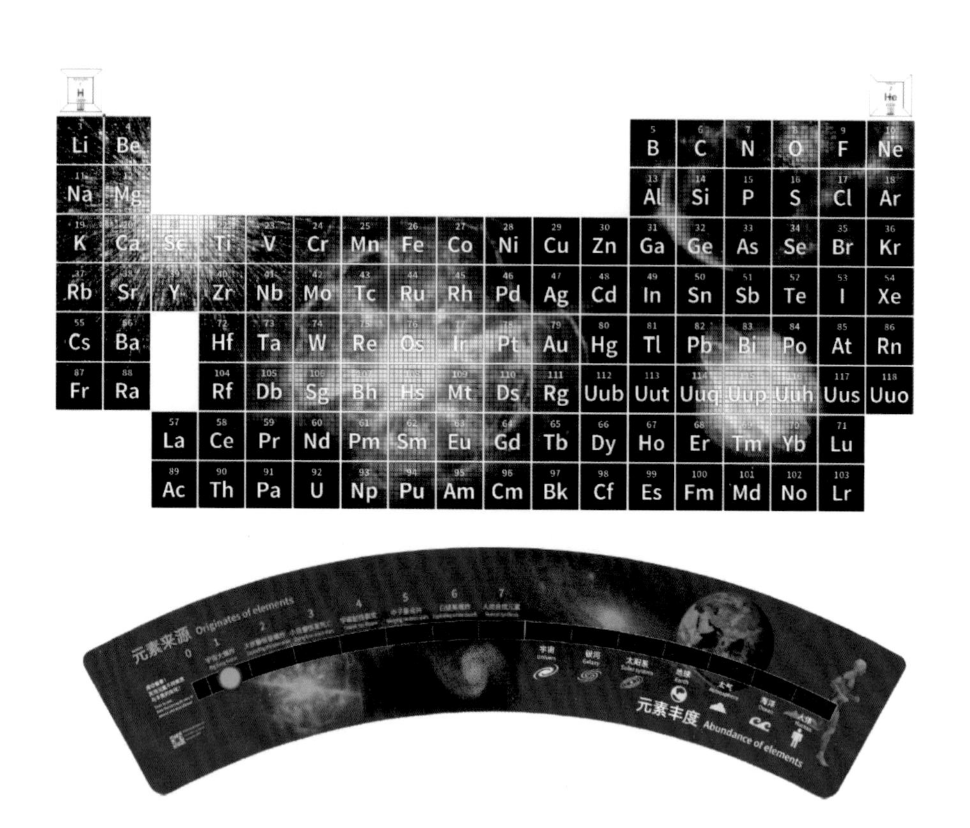


图3-29 “元素周期表”设计方案（“宇宙大爆炸”对应画面）

联的元素景箱都会自动翻转并点亮，并以不同的灯光亮度来表示元素丰度。

通过内容组群和关联展示，结合真实直观的实样展示和极具观赏性的互动演示，上海天文馆使这个最经典的科学内容焕发出新的生命力，生动地演绎了天地同源的元素传奇。

### 4.天文故事机——将天文馆带回家

天文故事机的想法最初源于策划预研阶段的“未来天文馆观众的体验”课题研究成果，我们希望建立起全旅程的观众体验，在参观前、参观中、参观后都能够融入不同的体验内容，故事机就是当时设想的一个创意点。在项目实施阶段，我们就把这个创意点转化为与网博系统相关联的一组展项——“天文故事机”。

我们在全馆范围内选取了几个不同的位置设置故事机，比如地下一层的公共区域、展厅之间的休息区域、排队等候区等，希望能够充分利用观众休息或排队等候的碎片时间。观众可以扫描二维码登录自己的账号，故事机就会吐出一张设计精美的卡片，上面随机打印着一个天文小故事。不同区域的故事机根据该区域的展示主题设定不同的故事内容，因此观众可以在不同的故事机上集齐所有的小故事。我们发动科技馆同事们一起编写小故事，每个小故事字数为150—200字，题材多样、简短有趣，而且在未来会不断更新。

观众获得了这份免费的小礼物，可以把它带回家和朋友分享，也可以把它当作明信片寄往远方。如果把常设展览中系统化的科学内容比作正餐，那么故事机所提供的短小有趣的天文故事就好比正餐之间的小零食，是我们与观众之间更为轻松的一种交流。

## （三）多元融合实现立体化传播

公众的文化需求日益旺盛，对博物馆的期待不断提升，而天文馆的主题独特、系统复杂、内容艰深，面对缺乏知识铺垫和经验积累的普通观众，难以通过单一、传统的展示形式实现理想的展示效果。为此，作为天文馆的策展和设计人员，我们更需要进行积极的融合创新，通过不同形式手段的组合应用，共同诠释一种天文现象、表达一个科学概念，或者形成一种独特有趣的交互探索模式，从而更好地达成科学传播目标。

### 1.“太阳”展项群——“1+N”实现多层次传播目标

作为太阳系最大的天体，太阳是太阳系运行的能量来源，更是地球上所有生命的生存依靠。然而，太阳的内部是什么？它取之不尽、用之不竭的能量来自哪里？它的生命还将延续多久？我们每天抬头可见的太阳其实有着很多不为人知的秘密。

为了让观众从不同角度、不同层面深入了解、感受这颗恒星的基本属性、结构特征、活动方式和对地球的影响，我们将相关科学内容进行了梳理，规划了“1+N”系列展项群，即通过一件大型核心展项和一系列中小型展品的组合，用多层次的展示内容和多元化的展示形式，来更有效地实现传播目标。

首先，“X 级喷射”是“太阳”展项群（图 3-30）的核心展项，旨在表现能量之源的磅礴力量。我们以巨大而热烈的太阳影像作为视觉焦点，以此来吸引观众驻足欣赏。LED 点阵屏作为高亮且自发光的显示终端，用来表现太阳这颗恒星是再合适不过了，而落地、微弧形的巨大造型屏幕（高 6 米、宽 6 米）更是能够展现出超大尺寸的真实而壮观的动态太阳影像。为了构建最佳的观赏视角，我们仔细研究了平台、玻璃栏杆、LED 屏幕之间的空间关系（图 3-31），并充分利用展区墙面微微向下倾斜的角度，确保观众能够被“太阳”的光芒完整包裹，让人仿佛漂浮在宇宙空间中，近距离观看剧烈的 X 级太阳耀斑喷射活动，不由得感慨自然的神奇和伟大。而为了营造出更富冲击力和多元化的感官体验，我们在观看平台下设置了热风装置，当观众走近，脚下的热风装置会自动启动，热风迎面吹出，观众在视觉和体感的双重冲击下，一定会对太阳的自然伟力留下深刻印象。“X 级喷射”也成为观众们热衷打卡留影的标志性展项之一。

图3-30 “太阳”展项群（上）
图3-31 “X级喷射”展项空间关系分析（下）

同时，为了向观众全面展现太阳的相关知识内容，我们还设置了一系列中小型展品。比如，在屏幕前方的中心位置，我们设置了太阳的立体剖面模型。太阳模型的一角被切开至核心，观众可以看到完整的内部结构。由内向外依次为核心区、辐射区、对流区、光球层、色球层、日冕层。这部分由内投影来呈现，以更好地展现太阳内部的活动状态，动画影像还可与对面展台上的“太阳聚变”展项进行交互。为了呈现出一个自发光且真实的太阳，球形外壳需要被制作成半透明的，既要实现内透光效果，又要能够有效遮挡内部设备的投影，展品设计制作单位为此对球体工艺材质和内部结构做了大量的研发和试制。为了表现光球层表面的米粒组织和太阳黑子，制作单位还利用微立体工艺对模型做了精细处理，达到了理想的肌理效果。

此外，我们还围绕太阳模型设置了弧形展台，整合了图文、小型互动媒体、互动机电装置等各种展品来引导观众探索太阳的基本属性、核聚变原理、对地球的影响等。观众可通过图文和互动媒体了解太阳档案；可推动核聚变互动台上控制压力和温度的推杆，了解太阳的核聚变过程；还可以通过机电互动装置和触摸屏，了解光子从太阳内部逃逸，最终历经艰险到达地球的过程。地面的扇形 LED 屏也可与展台上的交互装置共同演绎太阳活动对地球的影响。

“太阳”展项群以大型影像表演展项为核心，一系列知识性和互动性强的中小型展品为辅助，既能够实现真实震撼的参观体验，也能够呈现丰富多元的知识内容。在上海天文馆的其他区域，我们也多次运用这种模式，如“月球”展项群、“彗星”展项群等，从观众的参观效果来看，这种“1+N”的模式是一种行之有效的展项群建构模式。

### 2.土星光环——虚实结合解析复杂现象

众所周知，土星光环是太阳系最美丽的自然景观之一，如此神奇的光环到

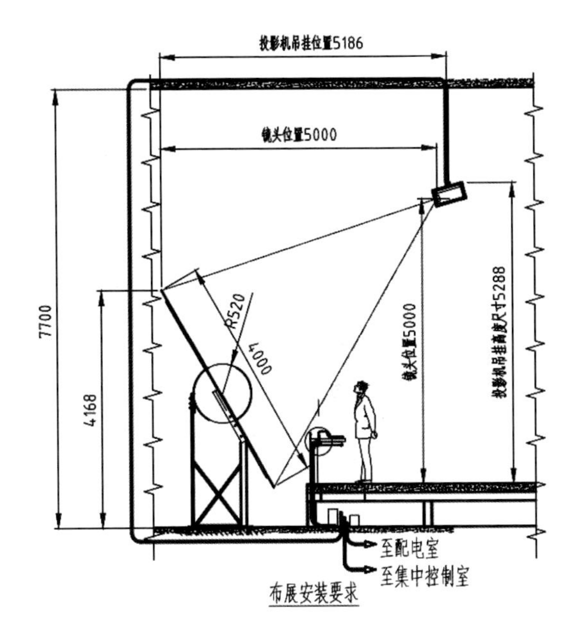


图3-32　“土星光环”展项设计图

底是由什么物质组成的？它又是怎么产生的呢？希望目睹土星光环风采并一探究竟的观众不在少数。土星模型在很多科普场馆中都有展示，但往往都是静态的固体模型，无法呈现土星及其光环所具有的独特美丽，也难以解析自然景观的动态变化和内在原理。上海天文馆的土星展示通过“实体模型＋虚拟影像”的方式做了一些创新和突破，突出表现了土星光环的独特质感，并动态呈现了土星的四季变化，观众还可以近距离观赏并通过 AR 互动探索这个美丽光环背后的故事。

首先，如何艺术化地呈现土星的整体面貌？我们将直径四米的土星及光环模型设置在展区内落地展示，土星的光环与地面呈倾斜角度（图 3-32）。同时，我们在静态的土星和光环模型上叠加了光雕投影（mapping），展现出土星北极的风暴奇观，并重点展现出光环中的 D 环至 F 环。观众可以从架高的步道上观赏到缓缓旋

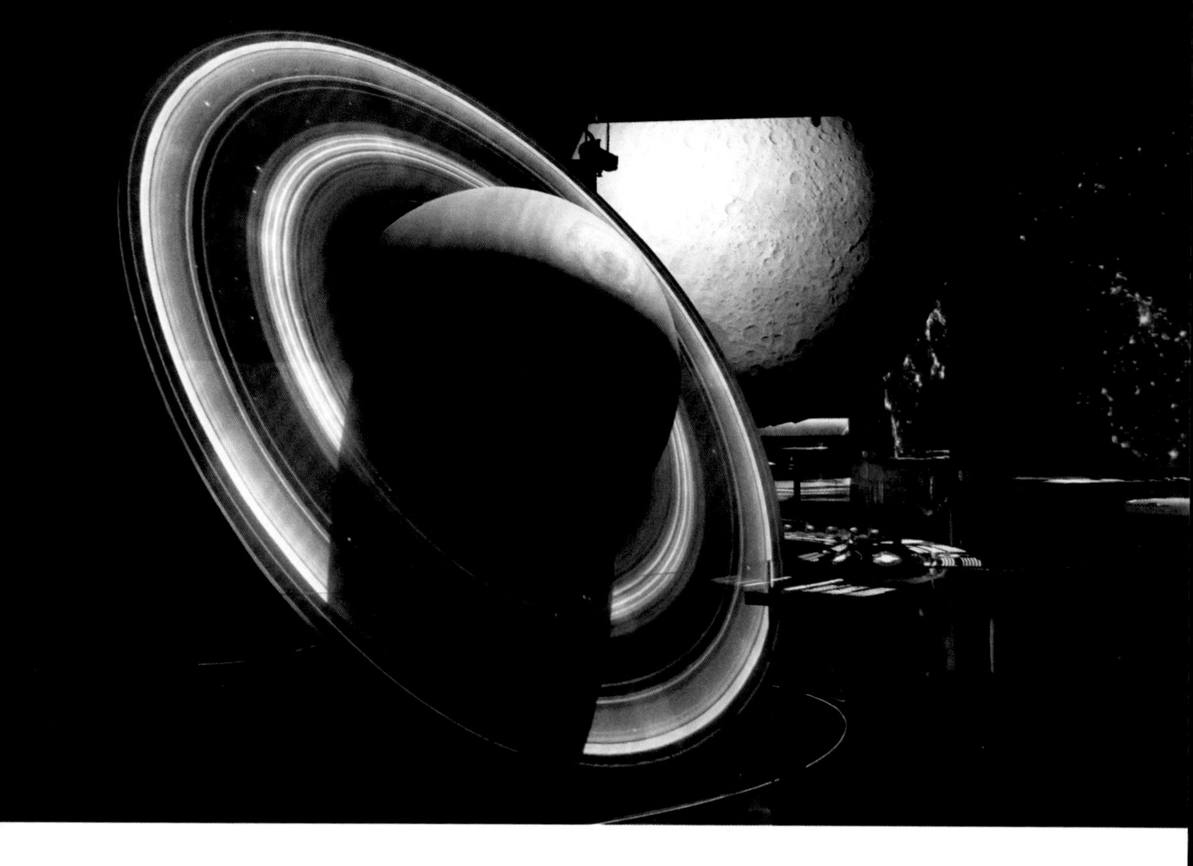

图3-33 “土星光环”上的动态投影

转的土星及其光环，并近距离观看土星光环的细节。

其次，如何模拟出土星光环的独特质感？真实的土星光环是由冰粒组成的，冰粒受到太阳光照反射出光芒，所以我们才能看到这个神奇而美丽的光环。为了最大限度地复原出这种特殊的质感，展品设计制作单位做了很多研发和对比实验工作，最后通过独特的材料和考究的工艺细节尽可能地模拟出冰粒的反光，当观众走近光环细细观看时，就会发现旋转着的环面上正发出微微闪烁的光芒。

再次，如何体现土星的四季变化？不仅地球有四季，太阳系的每一颗行星都有季节变化，当我们通过望远镜观看土星时，会发现土星本体在光环上投射了一片阴影，随着时间的推移，阴影也会变化，直观地反映着土星的四季轮回。为了让观众能像真实观测一样看到这个自然景观，我们用投影在土星的光环模

图3-34　“土星光环”AR互动

型上投射了阴影（图3-33），并通过计算动态模拟了土星季节交替时影子方向和形状的变化，时长时短、忽大忽小，相比传统静态或灯光投影的方式，这种方式展现了更加真实动态的土星。

最后，除了观赏美丽的自然景观，我们还希望观众能自主探索背后的科学原理和机制。为此，我们在模型前方的弧形展台上设置了图文版和AR互动装置（图3-34），介绍光环的形成假说，并对比展示了太阳系其他行星上的光环。观众可以使用AR互动装置对准光环上的识别点进行扫描，获取天文望远镜拍摄的真实土星照片并放大观看更加真实的细节，还可以了解一些有趣的故事，比如土卫十八“潘”是如何清理出了一条环缝，“洛希裂缝”又是如何形成的，等等。通过这组虚实结合的展项，观众可以更加直观形象、全面系统地了解美丽的土星和它的神奇故事。

### 3.“飞天”展项群——复原场景如何创新提升

复原场景是博物馆展示中非常经典且深受观众喜爱的一种展陈方式，但是如何把这种经典的展示形式做到极致，甚至再结合技术手段进行创新提升呢？

我们认为，复原场景不仅可以让观众体会穿越时空、身临其境的美妙感受，还可以全面真实地反映某个历史事件、现象或过程，场景中包含的人物、陈设和环境等一切要素都会整体地呈现在观众面前，表达出丰富多元的信息，观众也可以根据自己的兴趣和关注点，自主地观察和探索场景，获得不同的收获和感受。因此，在上海天文馆的场景展示中，我们努力在“真”“全”“细”“特”上下足功夫。

“真”就是科学性和真实性，尽可能实现高度仿真，比如航天探测器操控面板尽量采用真实材料和零件仿真制作，爱因斯坦的服饰、烟斗等全部按照历史资料进行定制复原；“全”就是信息的全面性，从主角到配角再到环境，全面完整地进行呈现，哪怕只是窗外露出一角的街景也要认真表现；“细”就是蕴藏丰富的细节，多层次、多元化、多线索，让细心的观众得到奖励；“特”就是视角独特、科技赋能，融入惊喜和意外，创造更加有趣的体验，引发探索的兴趣。

以“飞天”主题区的一组复原场景为例来做介绍。离开地球摇篮、迈向宇宙深空是人类一直以来的梦想，而摆脱地心引力进入太空、登陆月球和火星、建立太空基地等都是人类探索宇宙的重要里程碑事件，复原场景是最适合表现这类历史场景的展示手法之一。在“飞天”主题区，我们就集中展示了“嫦娥探月”“荧惑历险”“中国空间站”三个复原场景，全面展现中国航天科技的最新成果。

比如，“嫦娥探月”（图 3-35）模拟真实月表环境，展现嫦娥五号探月现场，彰显中国探月实力与探月成果。整个场景区域分为非步入式展示区和步入式体验区两个部分，两个区域在视觉上是连续完整的，但通过地形高差自然形成阻隔。

图3-35 “嫦娥探月”场景

场景的背后设置了宇宙深空背景，用黑色低反光材质打底并点缀光纤灯模拟繁星，很好地体现了深邃的太空。特别设计的地球景象通过投影来实现，真实模拟了宇航员从月表看到的地球的景象，大小、角度、色彩、图案都尽可能按照真实照片和科学资料进行复原。

在非步入式区域，主角是嫦娥五号和玉兔号的高仿真模型，制作均由实际参与探月研制任务的航天系统专业单位承担，确保了资料的科学性和真实严谨（经必要的脱密处理）。而地表铺设的“月壤”也是亮点，这是为了最大限度还原真实的月表环境而特别定制的，其色彩、质感、颗粒直径都能够和实验室级别的模拟月壤相媲美。为了呈现动态真实的探月场景，我们在嫦娥五号的模型中设置了机电装置，演示采样作业的动态过程，并将玉兔号设计为可实际行驶的动态小车。为了解决地球和月球上重力差异的表现问题，工程师们做了很多技术处理，终于让玉兔号在模拟月壤上实现了行进、转弯等动作。为了增加观众的交互性，我们还在玉兔号上埋藏了一个“彩蛋”——隐藏的摄像头可以转向观众拍下照片。

在步入式区域，观众可以进入场景，戴上 VR 眼镜，并在机电装置的辅助下感受月球重力环境下（为地球重力的 1/6）在月表行走的独特体验。沉浸式的虚拟环境和真实的体感可以实现最真实的“月球漫步”。

又如，“中国空间站”复原场景是以 2021 年 4 月 29 日成功发射的中国天和核心舱为蓝本，进行集成展示的 1 ∶ 1 步入式场景。能够像航天员一样近距离观看空间站，甚至能够进入空间站看看航天员如何工作和生活，对观众而言具有很大的吸引力。虽然在展览策划阶段，天和尚处于研制测试阶段，但上海天文馆建设指挥部基于各方的信息判断和对中国航天的坚定信心，前瞻性地部署了中国空间站场景的设计和制作任务，并在天和成功发射仅三个月后的开馆第一时间，就同步开放了空间站场景，满足了公众对前沿科技热点的探索热情。

“中国空间站”同样由实际参与空间站建设任务的专业科研单位承担设计制作任务，确保了所有资料和图纸的真实可靠。在“空间站”的外部，对所有能够向公众展示的设备和机构，甚至保温材料等都进行了真实复原，有些材料本身就是真实应用的航天材料。为了增加趣味性和细节表现，我们还特别加设了巨大的舱外机械臂，宇航员模型正在机械臂的一端呈执行修理任务之形态。观众通过舷梯进入空间站内部后，将被真实的空间站内部环境所包围，精密的科学仪器、太空植物栽培设备、健身设备、睡眠区、洗漱区、太空食物区等，全面展现了宇航员在空间站的工作生活状态，特别隐藏的很多演示装置和互动环节也可以满足观众的好奇，让大家亲身体验宇航员的感受。

可步入式的高仿真空间站场景，从外部和内部两个视角（图 3–36、图 3–37），全方位地揭开了宇航员太空生活的神秘面纱，也彰显了中国强大的空间技术实力，满足观众好奇心的同时也带给大家满满的自豪感。

图3-36 “中国空间站”场景外部（上）
图3-37 “中国空间站”场景内部（下）

## （四）沉浸体验触达科学

近年来，沉浸式体验项目不断涌现，给人们带来全新的观展体验。上海天文馆利用逼真的沉浸式场景、最前沿的视音频技术、高科技的互动手段，让科学传播变成可观、可感、可参与、可互动的沉浸式体验。

### 1.地球变迁——空间、内容和形式的完美融合

上海天文馆“家园”展区创造了一个沉浸包容的星际空间。观众一进入展区，便置身于美妙的星空之下，美丽的蓝色地球如此近距离地出现在面前，巨大的尺度对比和逼真的动态画面，让人不由得屏息观赏、深深震撼。这个直径为20米的地球模型实际上承载了“家园”展区的两个核心展项：球体外部是“地球变迁”光影秀，球体内部是光学天象厅（图3-38、图3-39）。“地球变迁”是一个充分利用建筑挑高空间，融合了彩绘装饰工艺、光雕投影、LED光纤灯矩阵等多种技术手段整体打造的科学艺术表演装置。

在策划阶段，我们对于这个处于主展线入口的巨大半球体非常纠结。内部的光学天象厅是最初就确定的项目，但是如何利用和处理这个球体的外表面，一直没有令人满意的方案。我们曾经考虑过用艺术绘画、浮雕、金属点线镶嵌等工艺方式来表现不同的星座，与内部的天象厅配合，但又觉得与“家园”展区的整体内容、氛围不协调，同时手段过于传统，承载的信息量也不够。经过多次的研究讨论，结合上海天文馆和“家园”展区的整体定位，我们认为这个巨大的球体最适合演绎“地球”。天文馆、科技馆和自然博物馆中都会展示地球，但是内容切入点应有不同，“家园”中的地球应该代表三重身份：人类赖以生存的行星家园，日、地、月关系中的地球，太阳系八大行星中的一员。根据这样的定位，我们随之展开了展项的创意设计。

图3-38　“地球变迁”展项（1）（上）
图3-39　“地球变迁”展项（2）（下）

首先，确定展示内容。结合三重角色定位，我们认为应该表现地球作为一颗行星的诞生、演化历史和现状。我们将整个表演分为“自然乐章”“人类乐章”两个部分，分别代表了自然环境下的地球和人类文明影响下的地球，在非表演时段则设计了微动态的屏保画面，表现太空中所看到的地球。

“自然乐章”是表演的主秀部分，是时长约五分钟的影片，以地球的诞生和演化为主线，完整回溯地球46亿年的沧桑巨变，表现不同时期地球的样貌特征和重大的历史事件，如月球的诞生、造成恐龙灭绝的小行星撞击事件、造陆运动和板块漂移、数次全球范围的冰期等，最终形成今天我们在太空中看到的地球。“人类乐章”被设置为主秀表演间歇期的小型表演，以“动态”“扩张”“危机”“互联”为主题关键词分成四个时长约一分钟的短片进行轮流播放（图3-40至图3-43）。该部分采用更具科技感的画面语言，利用大数据可视化客观地呈现出地球人口增长、森林退化、$CO_2$变化、全球变暖、航空航天发展等人类活动影响下的全球变化。

其次，考虑展示形式。表现如此复杂的内容肯定要采用多媒体动态影像方式，我们综合比较了LED、投影和GOBO灯等多个技术方向，最终选择了更符合行星反射式发光特点的投影方案。地球模型占据了展区近1/5的面积，体量巨大，不论是静态还是动态，它的形态光色必然会影响整个展区的环境，对其他展项产生不可忽视的影响，因此，整体环境的协调控制也至关重要。

在项目实施阶段，我们与展项设计制作单位一起攻克了诸多难题。一是科学内容的确定和资料的收集。为了将科学复原做到极致，我们查阅了海量资料，然而由于资料的稀缺性及球形载体投影面的特殊性，最终仍以近乎传统手绘的方式，对地球变化的每一帧画面进行了描摹。为了能表现出真实而震撼的影像画面，我们运用了大量三维特效，如通过动力学运算，模拟撞击时地壳碎裂和熔岩迸射的流体特效。二是投影拼接融合的技术难题。直径20米的超半球影像不仅画幅超大，而且可以让观众零距离观看触达，总分辨率高达12000×6000。

图3-40 “地球变迁”展项“人类乐章”分镜（1）（上左）
图3-41 “地球变迁”展项“人类乐章”分镜（2）（上右）
图3-42 “地球变迁”展项“人类乐章”分镜（3）（下左）
图3-43 “地球变迁”展项“人类乐章”分镜（4）（下右）

经过精确计算，我们仅用了 7 台 2K 投影机就完成了超过 1500 平方米的影像融合拼接投射，而且克服了不同点位投影距离悬殊所带来的挑战（图 3-44）。另外，为了让观众可以实现不同角度、不同高度的“三看地球”，我们必须保证 360 度无死角的投影效果，超半球的画面及地球自转轴倾角所带来的一系列画面变形问题也是必须解决的技术问题。三是为了呈现真实的地球形态，以晨昏交界线为界，在背向太阳的球体表面展现夜间的地球（图 3-45）。为了表现夜半球的城市灯火，我们通过 LED 光纤灯矩阵辅以手工彩绘的方式呈现出一幅灿若星河的世界城市夜景。400 多块球面模块、10000 多根光纤灯，通过“逆极化切分映射”算法，确保画面和城市灯点的精准定位。

最后，我们特别邀请作曲家为“地球变迁”谱写了原创主题音乐，进一步烘托了情感氛围。主秀的音乐根据影片的故事脉络，大致分三大段落：地球表面形成阶

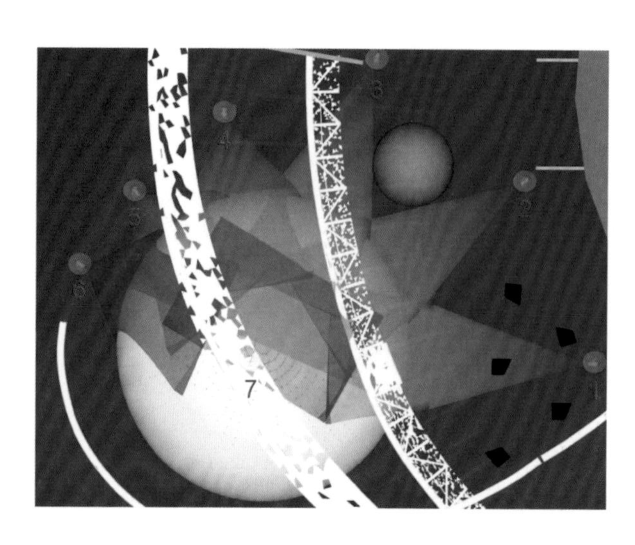


图3-44 “地球变迁”展项投影光路分析（上）
图3-45 “地球变迁”展项的夜半球部分（下）

段、生物灭绝阶段、人类文明出现阶段。音乐伴随影片演绎时的节奏与情绪，第一阶段呈现出远古空灵神秘的宇宙感，第二阶段转至伴有一点悲伤的史诗感，第三阶段地球完成自我修复，音乐里积极的情绪慢慢建立，直至人类文明的出现，点亮了地球的暗半球，音乐推至高潮。最后，音乐并非随着影片结束戛然而止，而是被设计成一个音符的余音渐收，引导着观众陷入遐想、意犹未尽。

在空间、内容、技术的完美融合和视觉、听觉的双重加持下，我们希望观众完全沉浸于整个场景的氛围中，认识到地球是我们唯一赖以生存的行星家园，也是至今为止唯一发现智慧生命的星球，它美丽、壮观、神奇而伟大，它是宇宙中最不可思议的存在，全人类应该珍视和爱护我们的共同家园。

### 2.星际穿越——体感装置和实时引擎助力沉浸式交互

先进的影像制作技术和投影显示技术让画面的表达越来越精彩纷呈，同时也增加了场景的真实感和立体感，但长时间处于同一个视觉场景下仍然会引发观众的视觉疲劳。为了避免这种情况，我们将体感装置和实时引擎用于天文馆的部分沉浸式媒体项目中，让观众与场景画面产生交互、融入其中，增加展示的趣味性，激发观众的探索欲。

从一楼“家园”展区通往二楼“宇宙”展区时有一个长达 100 米的坡道走廊，为了避免观众在长廊中行进产生疲劳感，我们利用这个长廊打造了一个 80 米长的沉浸式交互体验空间，即“星际穿越”大型互动多媒体（图 3-46、图 3-47）。

当观众经过“宇宙”展区的剪刀门，幽暗的环境下，一条流动着的、奇幻的星河呈现在眼前。画面以星系的极化辐射图为创意出发点，漂浮的粒子代表星辰，流动的线条代表磁力线，观众仿佛踏入了一条星际河流，随着它悬浮在宇宙空间，时卷时舒、缓缓前行。当观众靠近画面，就会触发 Kinect 红外感应装置和实时计算引擎，通过捕捉跟踪观众的动作，实现投影画面的实时联动，观众的身影将进入画面，

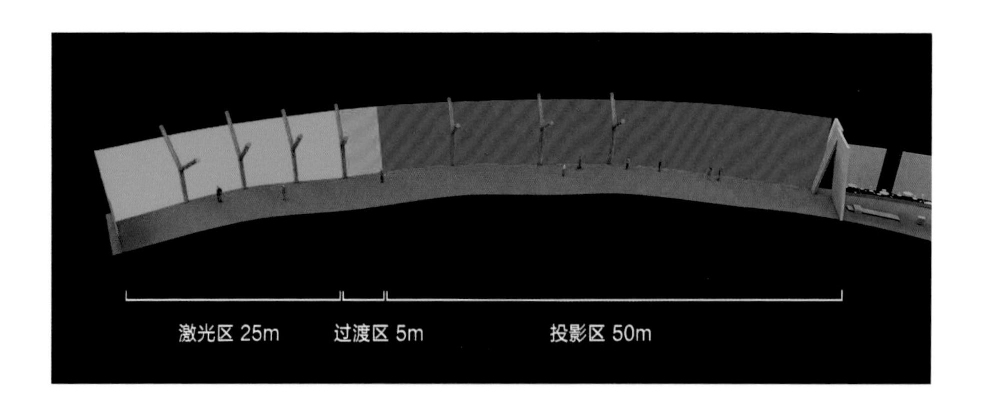


图3-46　“星际穿越”投影区（上）
图3-47　“星际穿越”大型互动多媒体空间布局（下）

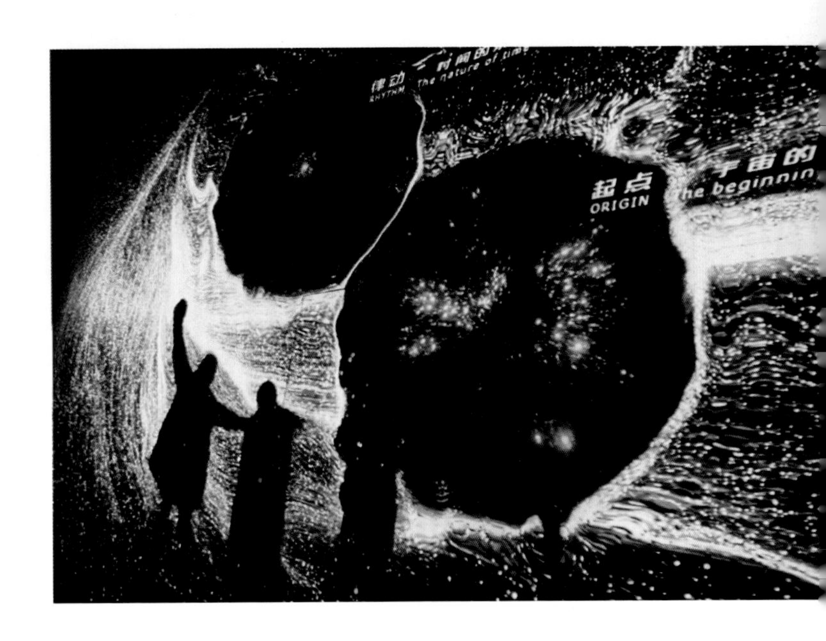


图3-48 “星际穿越”交互画面

对磁场和星光产生扰动，并触发藏于其中的热点窗口（图3-48）。当某一个窗口打开，一段动画会浮现出来，分别对应于“宇宙”展区的五个关键词——生命、元素、引力、光和时空。随着人的行进，一个个窗口动画仿佛从黑洞的旋涡中浮现，我们希望观众在有趣的交互过程中，对后续展区的内容有一个初步的预期，长廊起到铺垫预热的作用。

沿着长廊前行，通道深处越发神秘、安静，背景音效也越来越缥缈、空灵。不知不觉间，墙面的投影渐渐消失，无数星光汇聚成激光光束向黑暗的深空发射。激光光束不断向前推移，带着观众走向通道的尽头，那里就是宇宙大爆炸的遗迹CMB。奇异的图形、神秘的噪声，我们已回到宇宙的初始（图3-49）。

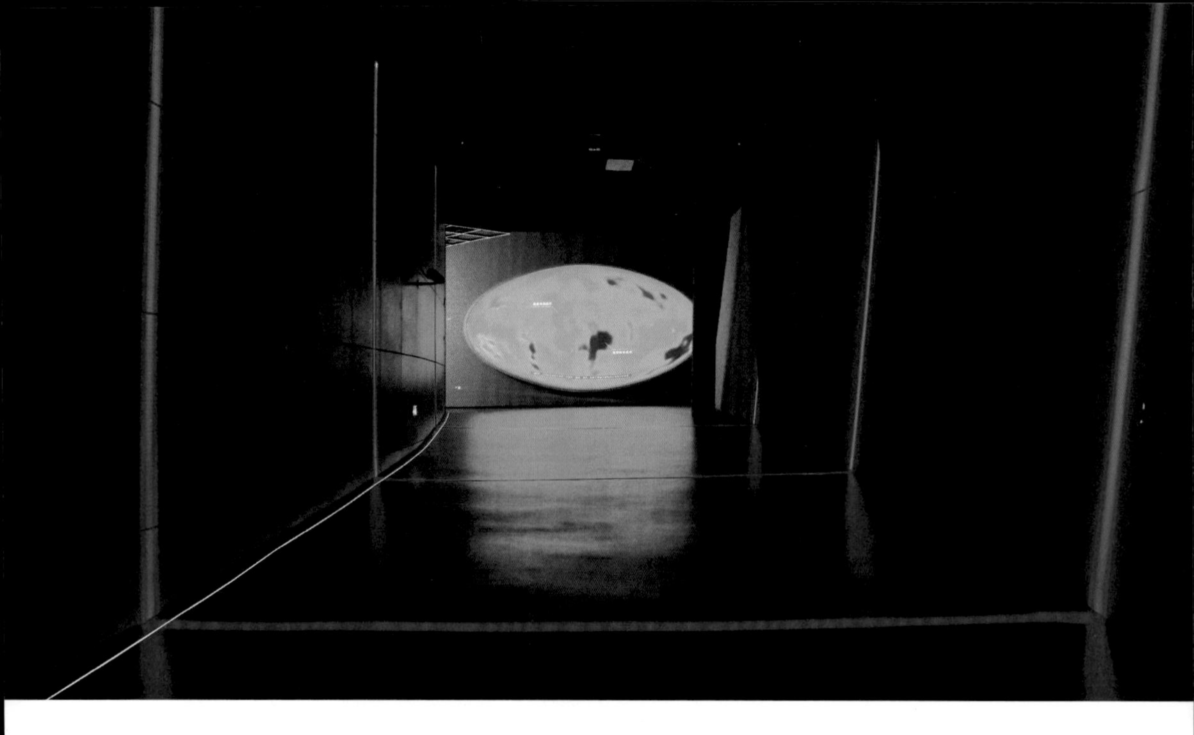

图3-49 “星际穿越”激光区

“星际穿越”不仅实现了唯美的艺术效果和科学内容的传播，还体现了世间万物源于星尘的理念。观众作为生命的代表融入了宇宙，随着星河流淌，与星尘共舞，这样的画面是如此和谐美妙，难怪吸引了众多观众流连忘返。

类似利用体感互动和实时引擎的展项还有“时空弯曲”“黑洞面条化效应”“天文巨匠”等。比如，“时空弯曲”将宇宙中不可见的时空弯曲现象进行可视化，当观众步入互动区域，就会惊奇地发现自己脚下原本平直的网格发生了扭曲，地面仿佛“塌陷”了一般，到访观众的体量越大，网格扭曲的程度就越大，而当观众靠近墙面时，地面与墙面的时空网格会同步弯曲。

### 3.穿越银河系——主题公园手法讲述天文故事

综合性多媒体剧场是主题公园常用的手法，但在科普场馆中却很少使用。早在 2005 年，上海科技馆的二期展区就以“主题公园＋科技中心”为理念，率先在国内科普场馆中引入了多媒体剧场这种展示形式，如“相对论”剧场、“生态灾变”剧场等，之后在上海自然博物馆中也有所运用，如“宇宙大爆炸”剧场、“自然之力”剧场等，均深受观众欢迎。这次在上海天文馆的策划中，我们同样也规划了两个剧场类项目，即“家园”展区的“飞越银河系”剧场和“宇宙”展区的“假如……”剧场。

剧场和影院最大的区别在于前者在空间上处于展区内部，在内容上属于展区构架的一部分，具体承担某个主题内容的演绎，所以剧场一旦建设完成，其内容就会相对固定，而不像影院那样可以播放不同题材的影片。和其他展示手段相比，剧场有优势也有劣势。优势在于它能够让观众在有限制的空间、时间内不受干扰、沉浸式地观赏一段完整的故事，更适合传播科学事件、科学过程、科学家故事和精神等相对较为复杂的内容，也更容易在情感和精神层面达到较好的传播效果。劣势就在于投入成本相对较高，且因为场次和容纳人数的限制，能够参与体验的观众数量会有一定限制。

我们在策划展示方案时，会综合考虑主题内容的特点、展区的空间条件、参观体验者的情绪设计、造价预算等，再设定展示形式。对于剧场这种空间成本和经济成本都比较高的展示形式，我们都会非常慎重，一般只用于最重要和最适合的主题内容，并精心策划、反复推敲，务必达到最出彩的体验效果。

“家园”展区中的“飞越银河系”剧场采用了比较典型的主题乐园剧场模式，包含了排队区（Queue Area）、预演区（Pre-Show）和主秀区（Show）（图 3-50），每场主秀的表演时间为 8 分钟，可供 18 位观众共同参与体验。一道带有巨型拱门的墙体将剧场和展区空间进行了隔离，剧场相关的区域都根据主题进行了专门设计，营造出太空旅行的浓厚氛围，特别设计的剧场名称也以醒目的灯箱悬挂在高处，吸引观众的目光。

在排队区，显示屏上滚动播放剧场表演场次，已在小程序上预约的观众可以在此排队等候。进入预演区后，观众们将结合机器模型表演和多媒体影片了解故事的

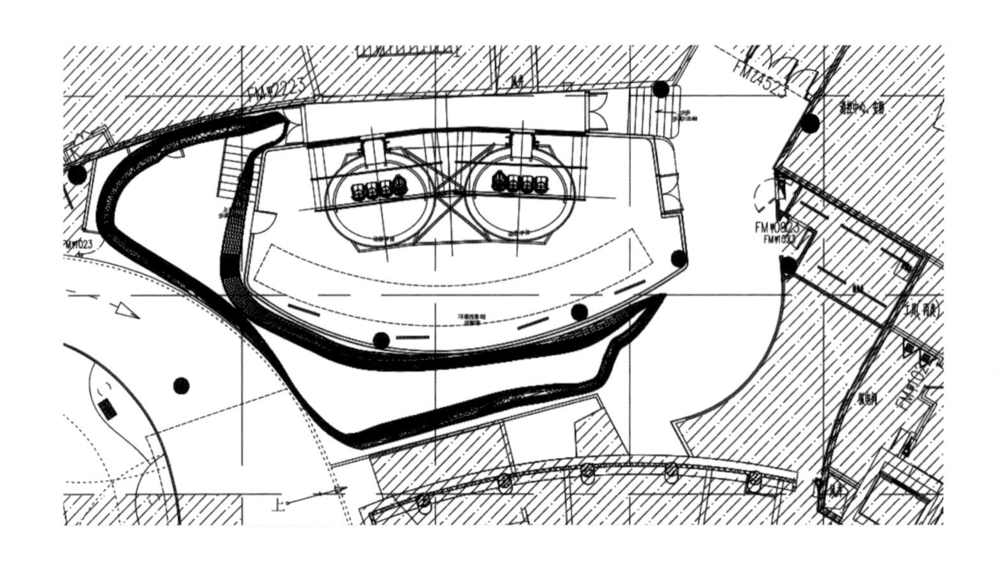

图3-50 “飞越银河系”剧场平面布局

世界观，认识影片的主人公并熟悉故事背景。等到前一场观众结束体验并离场后，在预演区的观众就可以在 NPC 的引导下进入主秀区，登上“追光号”动感座舱，正式开启他们的飞越银河系之旅。完成体验的观众将从出口通道离场。

值得一提的是剧场采用了一些设计手法和技术手段，可以有效提升观众的观展体验：一是充分利用流线设计，营造神秘感。完全隔离排队区、预演区、主秀区和离场区，除了特定的提示以外，观众始终无法预知后面将会遇到什么。动感座舱在观众上座时也是背向荧幕的，观众登上座舱后，它才会进行 180 度旋转，面向巨大的屏幕，离开剧场的观众也没有机会透露剧情。整个过程都保留足够的悬念。二是充分利用高空间，营造沉浸感。我们特意选择了层高条件最佳的位置设置剧场，并充分利用此处的高空间设计了巨大的双曲幕（图 3-51），垂直于观众座舱，几乎囊括了整个视域，结合高精度的画面和座舱动作，营造出色的悬浮沉浸效果。三是加设技术手段，营造互动性。我们在这个剧场中设置了开放式结局，影片最后将有两个不同的结尾，在剧情进展到一

图3-51 “飞越银河系”剧场

定阶段时会让观众投票选择，根据票数多的选项来播放相应的结局，这就增强了观众的参与性和代入感，并吸引观众以后再来体验另一个结局，同时也暗示宇宙探索充满了未知和不确定性。

### 4.航向火星——把科幻电影搬进现实

“航向火星”沉浸式体验项目把科幻电影从线上“搬”到了线下，让观众从“看”电影转为“玩”电影。在这里，观众可以组成探险小队，戴上 RFID 手环和“反物质能量罐”，置身于未来火星基地场景，漫游神秘的地下岩洞，体验高科技实验室，执行修复基地能源系统的任务。这个项目具有完整的世界观设定、电影级的高仿真场景营造、真实感满满的道具和任务设置、组队式的参与方式，观众仿佛进入了未来世界，体验火星版的《不眠之夜》（*Sleeping No More*）。

我们从未尝试过这样的方式，因此带有一定的实验性，那么效果如何？成本能否控制？可否平稳运营？观众接待量如何提高？我们在策划设计和实施过程中始终抱有担心，也额外倾注了更多的心血。我们邀请了来自影视、游戏界的专家一起出谋划策，委托国内顶级的电影场景和道具设计工作室进行设计制作，力求将剧本打磨到完美，把场景和道具打造到极致，我们也反复讨论研究如何设定运营和管理模式，尽可能提高观众的体验感和参与度，并制定合理的运营管理方案。

其中一些细节可以体现项目策划和设计的深入和细致，比如：在登陆舱降落到火星的过程中，为了规避逻辑上需要穿戴宇航服的问题，我们设定将登陆舱降落于火星地下岩洞，但当观众离开登陆舱时，可以看到极为逼真的登陆舱与火星大气摩擦后的烧灼质感；为了营造真实的舱内效果，我们将消防疏散门伪装成通往室外的气闸门，当观众无意触碰时，它还会发出声光警告；任务执行的整个过程中，工作人员扮演的NPC贯穿始终，引导观众完成任务的各个环节，而在不同区域，我们分别采用了不同的NPC，以加强沉浸感；强调观众的参与和互动，比如观众需要点击屏幕选定型号并释放维修机器人，同时寻找并取出“反物质能量罐”，当观众进入指挥中心，需要将“反物质能量罐”插入中央的“核反应堆启动装置”，并由两位观众同时按下启动按钮来恢复电力；等等。

与类似的商业项目不同，我们除了追求极致的临场体验，还必须确保内容的科学性，甚至还要在环境布置和情节设计中尽量植入更多的科学内容细节，使观众在游戏的过程中也能自然地获得火星及宇航探索相关的知识。比如在执行任务时需要先回答问题才能启动某个按钮，或需要在电子沙盘上寻找线索才能进行下一步操作，等等。随着剧情的层层推进，观众在六个逼真的场景（图3-52至图3-55）中穿梭，沉浸于角色和任务中，如同经历了一场真正的火星救援。

完成后的“航向火星”在效果和体验上基本达到了预期的目标，但在运营管理上仍然不能满足大客流的需要。无论如何，这是一次积极有效的探索，我们期待下一次能在运营模式上做得更好。

图3-52 “航向火星”现场（1）（上左）
图3-53 “航向火星”现场（2）（上右）
图3-54 “航向火星”现场（3）（下左）
图3-55 “航向火星”现场（4）（下右）

## 五、极致星空——打造超现实星空体验

作为连接人和宇宙的桥梁，星空是自古至今人类认识宇宙的过程中不可或缺的角色。如今的星空俨然成了一个传说，城市的发展使我们已经难以看到真正的星空。天文馆存在的意义，就是要为公众提供一个与美丽星空亲密接触的机会。因此，上海天文馆为观众们设计了“四大神器”，即四种体验星空的重量级装置。

### （一）光学天象仪——再现璀璨星空

上海天文馆打造星空体验的第一个重要设备是“家园”展区中的光学天象仪。安置于“地球”内部的直径为 17 米的圆顶天象厅（图 3-56）正中的就是由日本五藤公司研发的 Orpheus 高级光学天象仪和两台 4K 数字投影仪组成的混合型天象演示系统。Orpheus 天象仪体型紧凑却功能强悍，它采用先进的 LED 光源和光纤导光法，可以高精度地演示全天 9500 多颗恒星，完美再现人类裸眼在最理想黑暗环境下的观测实景，对于银河形态、星光闪烁、行星动态、月相变化、星团结构、星座形象等方面的模拟效果都非常逼真。这一新型的天象仪还完美地实现了对星体颜色的模拟，以及恒星亮度的逐级显示，这是国际上其他天象仪都不具备的新技术突破，将带给观众最为逼真的模拟星空体验。

在天象表演的观赏方式上，我们创造性地改变了传统的固定座椅法，在天象仪的四周摆放了近百个舒适的懒人沙发，观众们可以惬意地躺在这些懒人沙

图3-56　建设中的光学天象厅

图3-57　光学天象厅

发上，真正实现“仰望星空”的体验（图3-57）。同时，光学天象厅配有真人讲解和节目演播两种模式。在真人讲解模式下，星空讲解员将在娓娓解说星空奥秘的同时，与观众形成良好的互动，实时解答观众的问题，根据观众的提问操控天象仪变换不同地点、时刻的星空形象，解说诸如行星运动、日食月食、月相变化等天象的原理。而在节目演播模式下，将播放多套精心制作的天象节目，有的介绍当季星空和天象知识，有的则带领观众认识古代中国独特的星官系统。每一次走进天象厅，观众都将欣赏到不一样的星空故事。

### （二）球幕影院——可以举办星空音乐会的影院

上海天文馆第二个与星空体验相关的重量级设备是内径 23 米的球幕影院，它的外形正是那令人瞠目的“漂浮星球”。球幕影院共有 212 个观众座位，均为 20 度倾斜设计，观众可以舒适地置身于一种完全沉浸式的观影环境之中（图 3-58、图 3-59）。影院采用美国益世（Evans & Sutherland）公司最先进的 Digistar 7 球幕播放系统，由 20 台索尼（Sony）4K 激光投影机投射形成的画面可达到超过 10K 的超高分辨率，20000 ∶ 1 的超高对比度让壮丽的星空呈现更加深邃迷人的效果。此外，影院还采用了美国美亚声（Meyer Sound）的 3D 环绕立体声系统，实现了多达 32 个主声道的全息音响效果，音响矩阵在水平和垂直方向上都能够实现基于声音对象的定位和移动效果。

上海天文馆球幕影院系统拥有强大的影片播放能力，既能够播放丰富多彩的天文科普影片，展现星系穿越、天体碰撞、宇宙演化等宇宙事件的动态效果，又具有专业的天文教学、天象演示和影片制作功能，还能实现全世界范围的球幕影片“云”上共享。我们每年精选最新影片，通过无与伦比的视听技术，营造出逼真的视听效果，给观众带来身临其境的美妙感受。

除了出色的硬件设施，我们也努力在内容创作上有所突破，在繁忙的建设过程中，我们整合了各方资源，自主原创了一部 8K 球幕影片《苍穹》（图 3-60），以艺术化的镜头语言展现了从人类古代仰望星空时，对星星、星座和行星运动轨迹的理解，逐渐深入现代天文学对于天体组成、天体演化甚至宇宙演化的理解。这部精彩的球幕大片以对星空高度的美学演绎创造了开馆两年以来场场爆满、一票难求的奇迹。

上海天文馆超高清多功能球幕影院还是国内首家同时配置舞台表演系统和烟雾激光投射系统的球幕影院，除了可以播放传统的球幕影片，还可以举办壮丽宏伟的星空音乐会（图 3-61），实现超高清的数字播放、梦幻般的激光投射、激动人心的

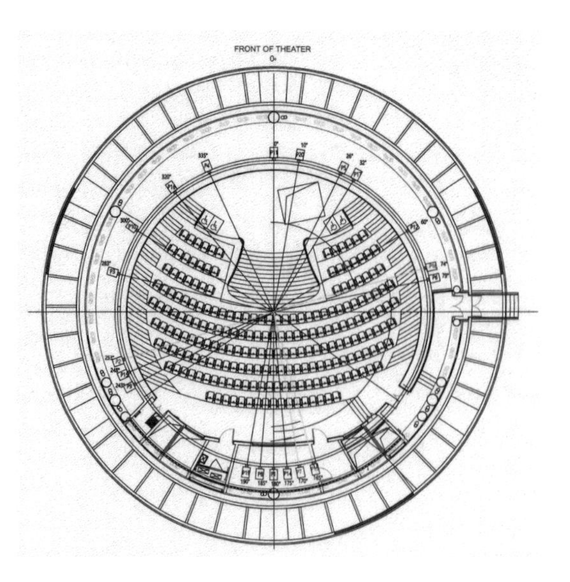


图3-58　建设中的球幕影院（上）
图3-59　球幕影院平面布局（下）

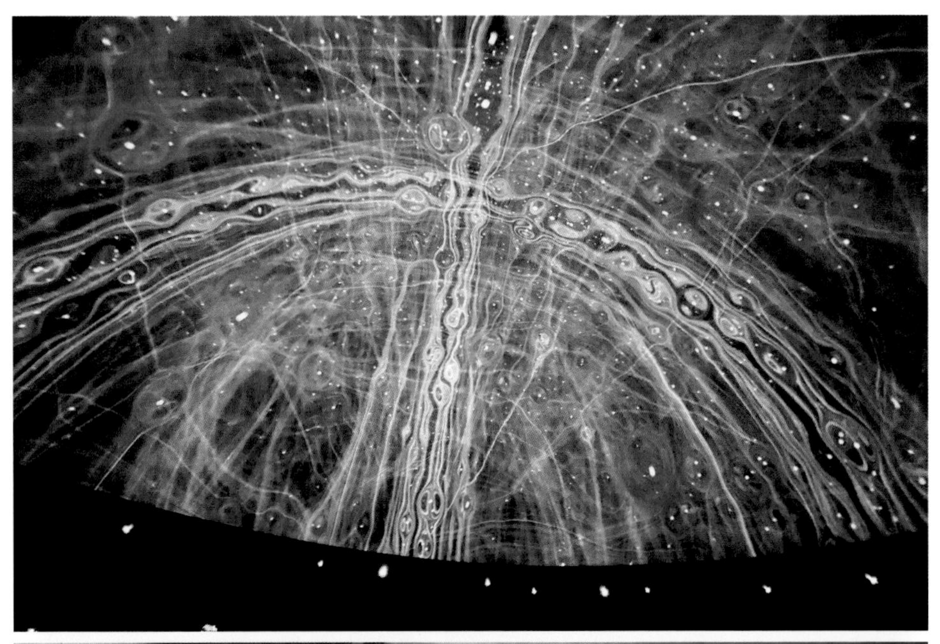

图3-60　《苍穹》播映画面（上）
图3-61　星空音乐会（下）

全息音响和舞台灯光等系统的完美融合，使观众在优美的音乐和舞台表演中，欣赏星空和宇宙的壮美与震撼，感受科技的力量。

### （三）羲和太阳塔——钻到望远镜的肚子里看太阳

如果说光学天象仪和球幕影院都是通过模拟真实星空的方式让观众体验星空，那么羲和太阳塔和望舒天文台将通过观测的方式让观众体验真实的星空。

在上海天文馆的主建筑之外，矗立着两座十分特别的带有圆顶的建筑，其中靠近主建筑的那座名为“羲和太阳塔”（图 3-62）。“羲和”代指太阳，在晋朝葛洪所著的《抱朴子·任命》中，就有“昼竞羲和之末景，夕照望舒之余耀”的文学描写，分别用“羲和”与“望舒”代指太阳和月亮。羲和太阳塔高 22 米，共分为三层：一层介绍望远镜相关信息并做观测演示之用；二层即圆顶层，用于安置太阳望远镜本体，该望远镜是上海天文馆独创的“教育型自适应光学太阳望远镜”（Educational Adaptive-Optics Solar Telescope），简称为 EAST，恰好与上海天文馆位于东海之滨之意相合；地下一层则用于放置专业研究用的光谱仪。

EAST 是一台完全由国内科研团队自主设计研发的高级科研设备，它由中国科学院成都光电所研制完成，兼具科普展示和科学研究的功能。望远镜的主镜口径为 65 厘米，采用地平式格里高利系统，巧妙的光路设计使得无论太阳处于哪个方位，其后端光线均能垂直而下，进入一层演示空间。在天气晴好的观测状态下，一层演示空间的观众可以亲眼看见一缕阳光从天而降，进入眼前一个由复杂光学系统组成的光学平台，阳光在众多光学部件之中穿行，变身为多个波段的高清晰度太阳像，诚如亲见科学“魔法”（图 3-63）。这种展现真实光路系统的太阳观测方式属于世界首创，目前已获得了五项技术专利。

图3-62　羲和太阳塔（上）
图3-63　羲和太阳塔中的EAST（下）

图3-64 羲和太阳塔自适应光学系统

上海天文馆 EAST 在光学系统中配置了专业级的自适应光学（AO）系统（图 3-64），这是一种通常只在大型科研望远镜上才会使用的高级终端设备，它能快速检测大气扰动的状态，通过自反馈系统迅速纠正成像偏差，从而达到消除大气扰动、大大提升成像分辨率的目的。有了这套系统，EAST 将在 TiO 波段（白光）和 H α 波段（色球）分别获得高清晰度的局部太阳像，可以用于专业太阳研究。

为了让观众在欣赏高精度太阳像的同时，也能看到太阳的全貌，EAST 主镜镜身上还附加了 3 台直径 12 厘米的小型望远镜，通过专业滤光系统分别得到 TiO、H α 和 CaK 这三个波段的全日面成像。因此，观众在一层演示空间，除了了解光学平台的工作原理之外，还能同时欣赏到三个波段的全日面成像和两个波段的局部高分辨太阳像，幸运的观众还可以亲眼看到太阳物质喷发现象，如日珥、耀斑等。此外，观众们在演示空间里还可以看到太阳光经过三棱镜后形成的彩虹形象及通过专业光谱仪所形成的高级光谱，后者同样可以应用于专业的科学研究。

### （四）望舒天文台——亲眼得见月亮的真面目

另一座带有圆顶的独立建筑就是望舒天文台（图3-65），“望舒”意指月亮，当然，望舒天文台的观测目标不止于月球，我们希望为观众们提供一个夜间观测各种天体的机会。用自己的肉眼，通过望远镜的目镜观赏到高清晰度的月球、行星和深空天体之形象，相信仅需短暂一瞥，即可让人终生难忘。

望舒天文台中安置的大型望远镜的名称为“双焦点可切换式一米望远镜”（Double-Focus One-Meter Telescope）（图3-66），其英文首字母缩写为DOT，这个名称正好暗合于上海天文馆附近的滴水湖（一滴水从天而降）。DOT直径一米，是国内最大口径的科普型天文望远镜，它的口径大小和光学设计的精度要求使其完全具备了开展科研观测工作的基础。遗憾的是上海地区的光污染比较严重，目前还难以开展真正意义上的科研工作，但它可以用于指导学生和天文爱好者进行以教学为目的的科研课题研究。

DOT的可切换双焦点之设计，使其能够兼具科研观测和公众目视观测的双重功能，其主焦点处安置的科学级电荷耦合器件（CCD）可以直接进行高级成像观测，而耐氏焦点的设计则使其光路巧妙地进入旁路的目镜系统或视频采集系统，从而使观众可以直接通过目镜欣赏到月亮、行星和一些较明亮的深空天体（星团、星云等）。

上海天文馆除DOT之外，还拥有十几台大小和功能各不相同的中小型天文望

图3-65　望舒天文台（上）
图3-66　望舒天文台内的DOT（下）

远镜，便于灵活地在天文馆园区或是其他地区进行路边天文观测，开展相应的科普教育活动，从而使更多的公众能够有机会通过望远镜直接欣赏天体的真貌。

“四大神器”堪称上海天文馆的窥天宝器，它们或模拟星空，或供观测真实天体，各展所长，全面拉近了观众和星空的距离，连接起人和宇宙。

## 六、时间机器——当建筑遇上天文

上海天文馆的建筑就像一架巨大的时间机器，它本身就是天文馆最大的展品，让我们通过时光流逝感受与宇宙的联系。而建筑与展示在主题、空间、流线、风格上的深度融合则为观众们创造了更加完美的观展体验。

上海天文馆的建筑由美国艺艾德公司负责方案设计，在主设计师托马斯·黄（Thomas Wong）和所有设计、建设团队的共同努力下，建成后的上海天文馆建筑独具特色、光彩夺目，成为临港地区的城市地标。建筑的设计灵感（图3-67）来源于宇宙中天体的运行轨道，整个建筑由大量的弧线和曲面构成，再结合室外的银河系旋臂景观绿化，整体方案蕴含了丰富的天文元素和巧妙构思，造型优美、充满想象，寓意丰富、极具特色。

天文馆的建筑美轮美奂，但丰富庞杂的展示内容如何容纳于充满弧形和异型曲面的空间中？展览又如何利用建筑空间来创造独特的体验，甚至反过来彰显出建筑的特色，实现二者的完美统一？这些是我们在做展示设计时一直在考虑的问题，不

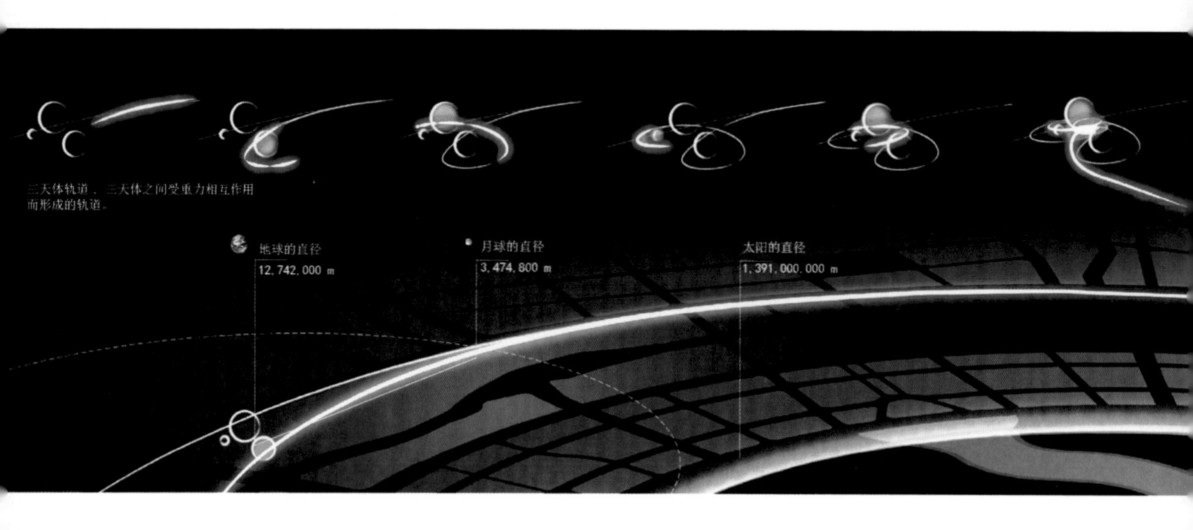


图3-67 上海天文馆建筑设计灵感

论是展区内部、展区与展区之间的过渡空间，还是室内外公共空间，我们都希望展示与建筑能够相互融合、相得益彰。

因此，从建筑设计阶段到施工阶段，作为策展人和展示设计师，我们和建筑师不断探讨着展示与建筑的关系，并经常到建筑施工现场从各个角度查看，构思未来的展区空间规划，想象如何布置展项，推敲展示和建筑空间的相互关系。在这个时期，可以发现很多最原始的空间关系，并有机会经过调整和优化来实现一些更好的展示设想。

值得庆幸的是，天文馆的主建筑师托马斯是一位非常专业且敬业的设计师，他不但对建筑设计的每个细节追求完美，也非常关注展示与建筑的融合，在展示设计的过程中始终积极地参与讨论、配合修改并及时地给出建议。而众多的展品设计制作单位也付出了额外的心血和努力。在多方协同下，上海天文馆最终成为建筑和展示完美融合的成功案例。

图3-68　航拍上海天文馆建筑

## （一）与光互动的“三体”结构

上海天文馆建筑最具特色的亮点莫过于“三体”结构，即圆洞天窗、倒转穹顶和球幕影院。如果从天空俯瞰，就会发现这三个球体所构成的图形，结合建筑造型中延伸舒展的“轨道”弧线，会让人不由得联想到宇宙中随处可见的天体图景（图3-68）。而巧妙的不仅仅是造型上的映射和相似，更是建筑空间与光的完美互动，天文馆的建筑就像一座巨型时间机器，它通过光影移动呈现出时间流逝，进而让每个人感受到自己与宇宙的联系。

图3-69　夏至午时的圆洞天窗

图3-70　圆洞天窗与太阳位置关系示意

圆洞天窗位于建筑大悬挑设计的观众主入口处，经过建筑师的巧妙设计，自然光从天窗中倾泻而下，在地面上形成圆形的光斑。随着时间的流逝，圆形光斑会相应移动，并在每年夏至日的中午与地面上的黑色大理石拼花图案完美重合（图3-69、图3-70）。

倒转穹顶位于主体建筑的顶部，呈现为一个倒转的半球形（顶点在下的半球）。在这里，建筑师利用天际线创造了一个遮蔽所有人造物体的纯净空间。当观众完成三个主展区的参观，带着思考和疑问来到这里时，可以与天空进行对话，感受天人合一的空间意象。

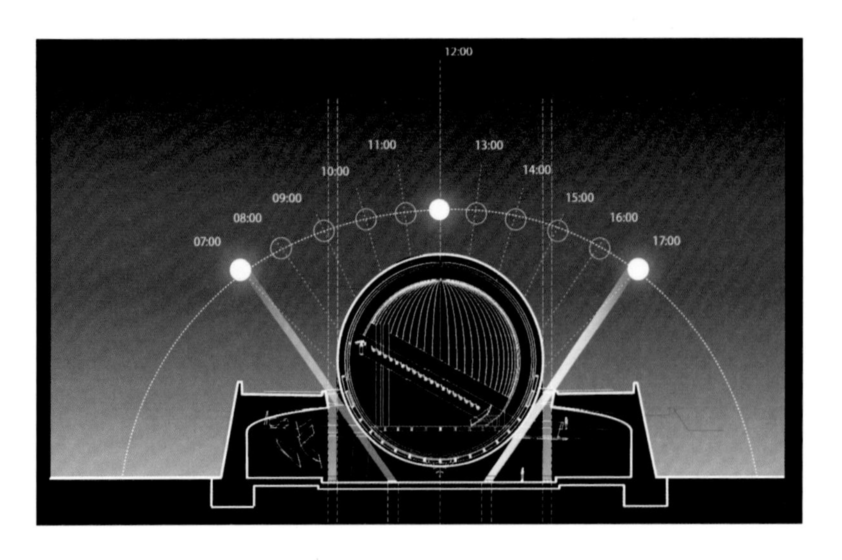


图3-71　球幕影院的夏至光环（上）
图3-72　球幕影院与阳光入射关系示意（下）

球幕影院位于主体建筑的另一侧，外径 27 米的巨大球体（内部是球幕影院）仿佛悬浮在空中，与主体建筑构成了令人震撼的尺度对比。该球体的直径与滴水湖的直径比例刚好与地球和太阳的直径比例相近。这个巨大球体和周边的环形天窗同样会构成一个圆形光环，在每年夏至日的正午，太阳光就会在地面上投射出一个完美的夏至光环（图 3-71、图 3-72）。

### （二）难以复制的“三看地球”

如前文所述，三个主展区有一条观展体验的暗线，即“三看地球”。能够实现“三看地球”的一个关键条件就是巧妙利用建筑空间结构中的各个楼层和廊道，并充分利用空间挑高和通透的特点，来实现展区之间的相互借景。

观众在“家园”展区中第一次看到直径 20 米的巨大“地球”，而巧妙利用二层楼板的位置和角度，以及二层通往三层的空中廊道，我们实现了第二次、第三次看到“地球”，就仿佛导演编排剧本一般，安排演员在不同的时间内精准地出现在故事情节中，营造出完美的情感高潮。“三看地球”是展览与建筑深度融合的最佳范例，这也使得上海天文馆的观展体验具有独特性和唯一性。

### （三）埋藏彩蛋的“假如……”剧场

在一次对建筑施工现场的踏勘中，我们注意到从位于二层的“假如……”剧场观众席看向剧场屏幕的方向，正好可以看到位于一层的“地球变迁”大地球的最上部。当时，我们正在纠结于剧场的空间规划方案和观众席设置的角度，这次踏勘促使我

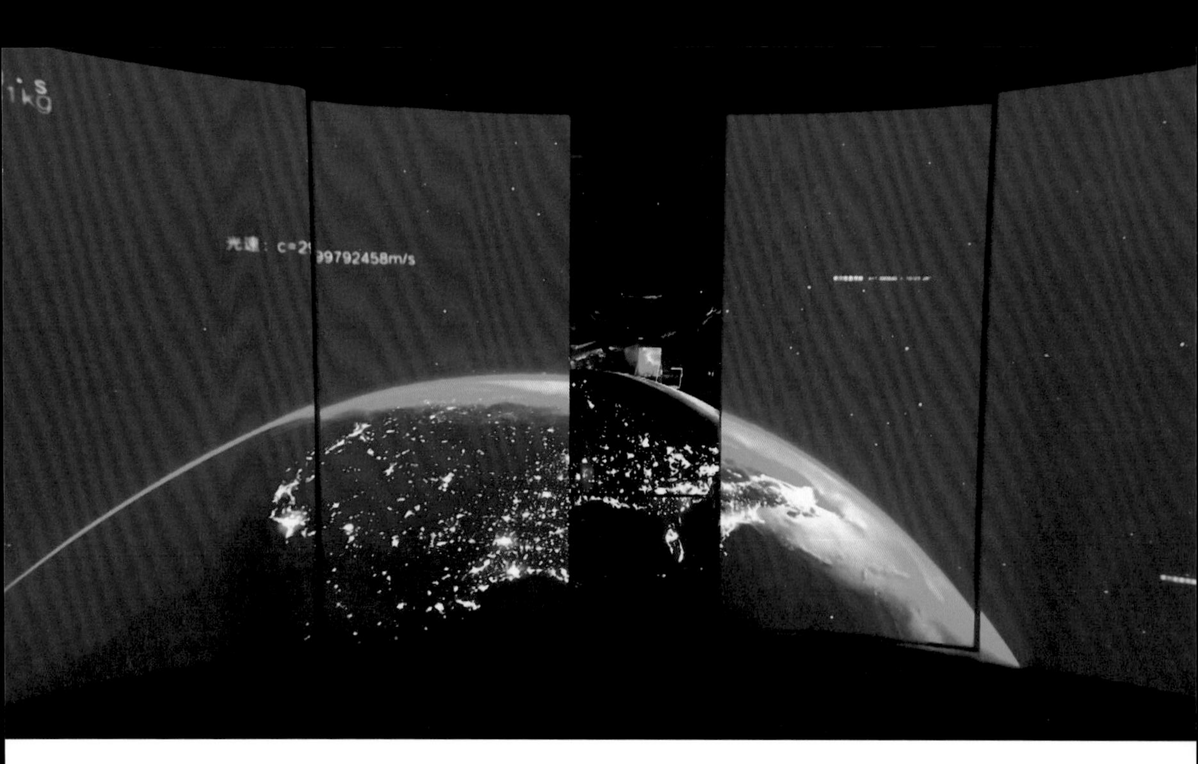


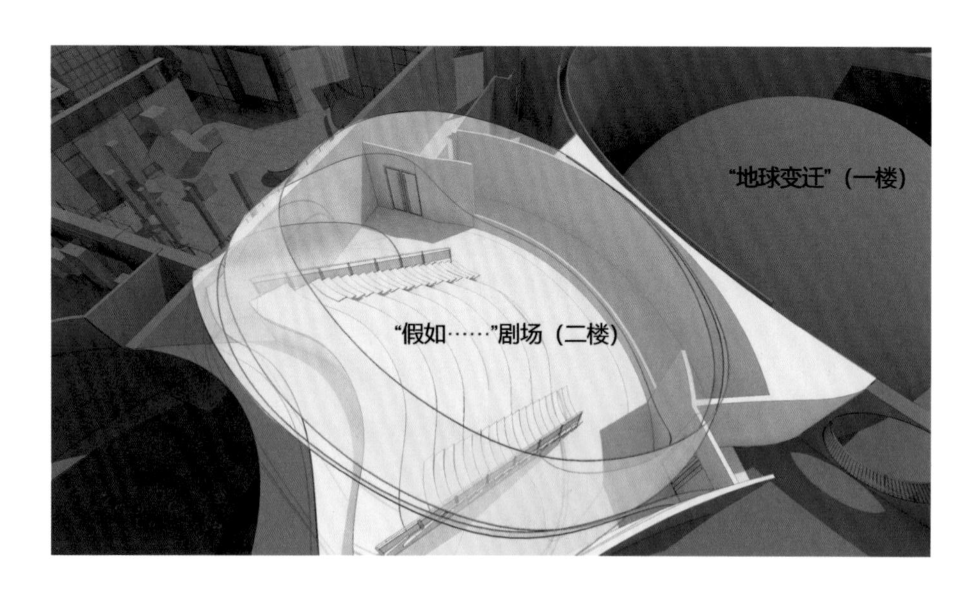


图3-73 “假如……”剧场机械屏幕门开启（上）
图3-74 “假如……”剧场和“地球变迁”的空间关系示意（下）

们形成了一个大胆的想法，就是把原本封闭固定的LED屏幕改为可开启的屏幕门，在剧场表演的最后一幕开启机械屏幕门（图3-73），使观众从影片中的虚拟地球影像过渡到实体“地球”。

为了实现这个构想，“假如……”剧场的结构、硬件增加了一定的造价和实施难度，为了伪装遮蔽这个门洞也需要采取很多措施，经过多方共同努力，最终在有限的资金内将方案执行得很成功。这个屏幕开启的“彩蛋”成为剧场的亮点，也很好地升华了珍惜地球家园的主题。这个项目同样也是展项设计充分利用建筑空间的完美案例（图3-74）。

### （四）百米坡道实现“时空穿越”

从主展区的一层到二层，建筑师设计了一条近100米长、宽5—6米的坡道长廊。从建筑设计的角度来看，此坡道是天体轨道设计理念的体现，但从展示来看，这条百米坡道并不好用，反而成为一道棘手的难题。

我们认为需要从三个维度上考虑坡道的策划和设计：（1）从展示内容上看，一层到二层正好是第一个主展区到第二个主展区的过渡，所以百米坡道的设计需要考虑两个展区之间的内容切换和过渡。（2）从空间上看，百米坡道是一层通往二层的主要通道，不能造成人流拥堵，并不充分的宽度也不适合观众在此停留进行复杂的参观行为。将近百米的长度，仅仅设置一种单一形式或单一内容会造成参观疲劳，如果能设置2—3个不同的段落或许会更有趣。（3）从观展体验上来看，观众完成第一个主展区的参观后，信息接收量和情绪都处于高位，需要放缓节奏、进行调整休息，我们要考虑一种不需要承载过多内容、轻松有趣的观展模式。

据此，我们反复构思和多次修改了设计方案，最终确定的方案将百米坡道分为三段。

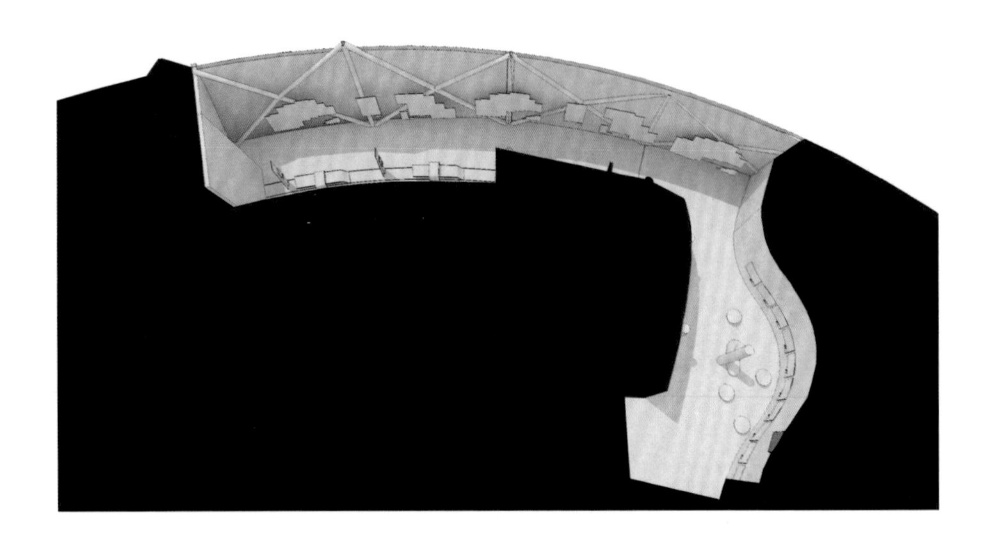

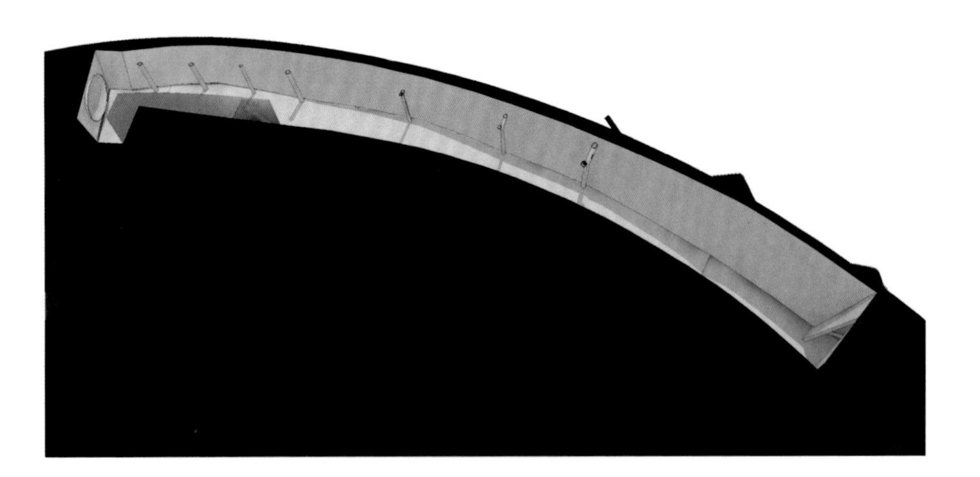

图3-75 科艺展示区设计示意（上）

图3-76 “星际穿越”交互区和激光投射区设计示意（下）

第一段：科艺展示区（图3-75），包括天文摄影、以天文为主题的绘画和雕塑作品等，并在墙面上开设了若干观察孔，可以让观众回望第一个主展区。

第二段："星际穿越"交互区（图3-76），打造约50米长的墙面投影，通过体感互动的方式实现观众行进过程中的轻松交互，并对第二个主展区进行内容铺垫。

第三段：激光投射区，将激光分段投射在地面和墙面上，通过动态效果引导观众走向"宇宙"展区的第一个展项CMB，并与第二段投影画面中的视觉效果进行自然衔接。

### （五）点亮公共空间的标志性展品

除了展厅，博物馆的公共空间也是观众体验的重要组成部分，包括室内的入口大厅，各种功能空间、交通空间和过渡空间，以及室外的景观空间等。在上海天文馆规划初期，我们就在室内外公共空间中规划了公共艺术品的点位。但除公共艺术品以外，我们还有一些带有鲜明天文主题、体量较大、艺术性较强的展品，它们对空间或环境背景有着更高的要求，放在展厅显得过于局促，我们便将它们从展厅内挪出，放置在公共空间的合适位置，我们将它们称为"标志性展品"。

比如，天文馆最有标志性的展品"傅科摆"，它可以使观众直接感受地球的自转。傅科摆需要较高的空间来设置摆锤的悬挂点，而摆锤的摆长就决定了摆幅和下方的展台尺寸。在规划之初，我们一直未能找到合适的位置来放置它。一直等到建筑施工初步完成阶段，我们经过现场踏勘、草图设计及与建筑师的沟通商议后，最终决定将傅科摆设置在入口中庭倒转穹顶下方的公共空间内（图3-77、图3-78），摆锤的悬挂点就设置在倒转穹顶的三叉形钢结构上。

在中庭中加入这么大型的展品，我们既要充分考虑展品本身的技术要求和效果

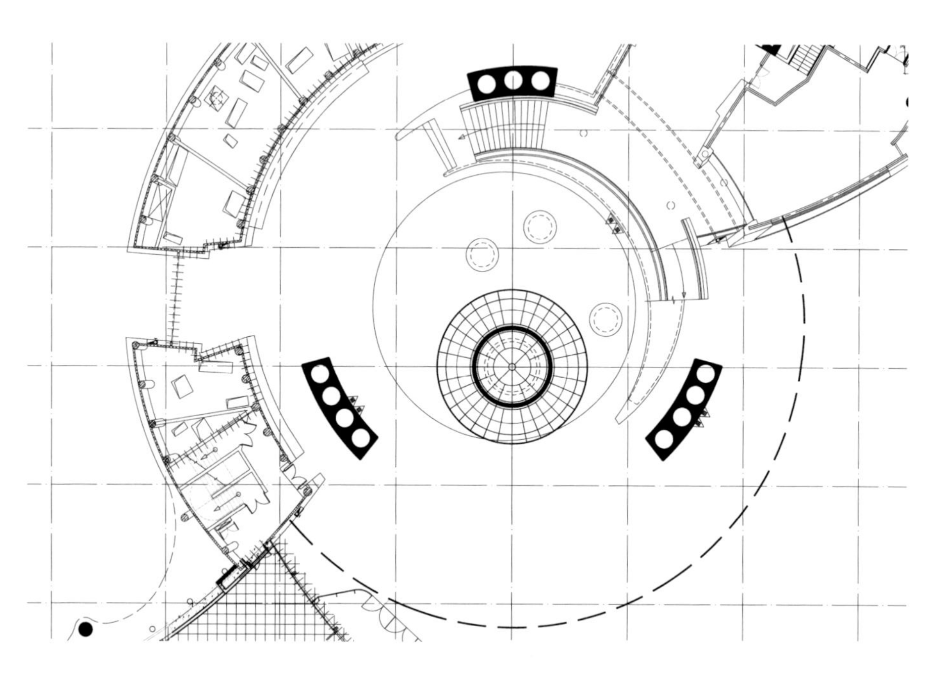

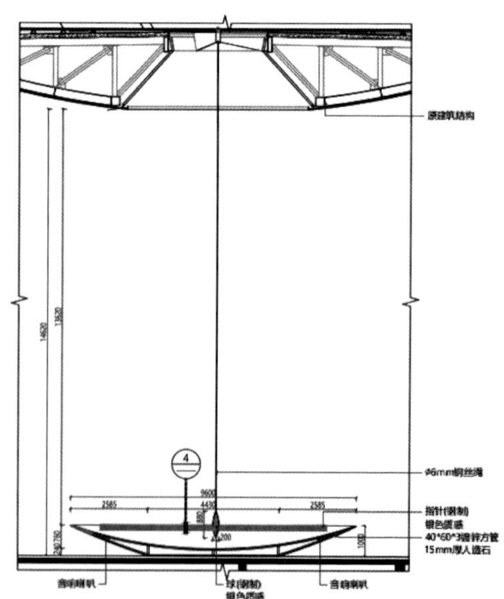


图3-77 “傅科摆”空间位置俯视（上）

图3-78 “傅科摆”空间位置侧视（下）

图3-79　“傅科摆”现场（1）（左）
图3-80　“傅科摆”现场（2）（右）

预期，也要特别关注展品与公共空间在布局、流线和风格等方面的协调一致。为此，我们组织展品设计、制作单位和建筑设计单位多次研究、反复斟酌，最终形成了造型简洁、材质与色彩和公共空间高度协调的设计方案。

建成后的上海天文馆中庭由于有了“傅科摆”这件标志性展品（图3-79、图3-80），使观众一进门就感受到浓厚的天文元素，摆锤的周期性摆动和背后所蕴含的天人合一的哲学意象，也使它成为公共空间的焦点和亮点。

与此类似的还有入口大厅的“星空翻板”（图3-81）和位于三层的“宇宙大爆炸”（图3-82）等标志性展品，这些起初考虑安排在展厅内、后来移至公共空间的大型展品，由于各方的充分沟通和积极配合，都做到了在确保展品效果的前提下，与建筑公共空间实现完美融合。成功的标志性展品使公共空间成为博物馆展览内容的延伸，有效地凸显出博物馆的主题，也丰富了建筑空间的多元体验。

图3-81 “星空翻板”艺术装置（上）
图3-82 “宇宙大爆炸”艺术装置（下）

## （六）“因祸得福”的意外之喜

由于项目建设流程设置的局限，在建筑设计初期阶段还无法制定清晰深入的展示方案，因此部分建筑空间的先期确定对后续的策展规划造成了一些影响，由此不得不对展示方案做出一些调整，有些调整虽留下了遗憾，有些却“因祸得福”构成了意外惊喜。

最大的调整是促成了现在展区的分区模式。在最早的设计方案中，三大分区是“宇宙知识”“探索历程”“其他”。而在最后的建筑中标方案中，除了主展区空间之外，还设计了大量的辅助空间，于是展示团队重新研讨了展览设计方案，将原来的“宇宙知识”拆分为“家园”和“宇宙”两个部分，“探索历程”改名为“征程”，将原方案中的“其他”全部移至辅助空间，演变成了后来的“中华问天”“好奇星球”“航向火星”等特色展区。

建筑分区造成“征程”的空间过小，而且十分狭长，不利于正常的展览安排，但是这也逼迫展示团队做出了一些富有创意的构思，比如“星河”的概念就是因为展区的形状而产生的，这个概念产生之后，我们反而觉得很有趣味，双关之外，含义颇深。

另外一个有趣的调整是“生命”主题区，它的原始设计是作为“星河”主题区的开始，也就是把“征程”的起点设定为生命的诞生。由于空间的不足，我们将其调整到了“宇宙”展区的最后，这样调整之后，反而出乎意料地更加符合逻辑，凸显了“生命是宇宙中最大的奇迹”这一理念。

## 七、装饰布展——不是展品，胜似展品

上海天文馆的策划设计理念是通过沉浸式体验来实现最佳的观展效果，因此项目团队对于展览的环境氛围营造非常重视。我们在装饰布展的设计实施上倾注了很多心血，因为我们始终认为好的空间和环境是具有感染力的，它营造着独特的空间感受，传递着造型、色彩和序列之美，它在潜移默化中辅助叙事、激发情感、提升效果，它有时可以完成展品本身所无法达到的效果，不是展品，胜似展品。同时，装饰布展也是一个复杂的系统工程，视觉、听觉、触觉多种感官，装饰、灯光、声效、图文等不同要素，相互关联、彼此渗透，它们彼此之间需要协调统一，以确保设计施工的顺利开展和最终效果的完美融合。

本小节将选取上海天文馆装饰布展工作中的一些难点、亮点，分别从装饰工程、灯光系统、声效系统、图文系统等几个角度进行分析，探讨如何利用空间语言和装饰语言，结合创新的材料和工艺，更好地营造环境氛围、讲述展示故事、提升体验效果。

### （一）装饰工程

上海天文馆展示装饰工程面临的最大挑战，恰恰来自建筑自身独特且复杂的空间关系。在展示设计时要充分利用好建筑空间的优势，规避建筑空间的不足，展品与空间的尺度也要构成恰当关系，使两者和谐相融、相得益彰。

同时，天文馆独特的展示主题和创新性的设计理念要求环境设计的思路要新，装饰布展的手段要新，材料工艺的应用要新，施工作业的方法要新。还需

图3-83　“家园”展区的大“地球”

要考虑控光和控声等功能要求，使高大开敞的展厅空间内能形成不同的视觉与听觉空间限定，呈现展示内容的层次与关联。

此外，由于科技类场馆的展项技术构成和交互功能相对复杂，对所属空间和配套系统也有着特殊的要求，在设计时要留有一定的“弹性”，以保障展品效果的最终实现。

### 1.地球模型——复杂的内外建构满足功能需要

“家园”展区的地球模型（图 3–83）外部承载着“地球变迁”光影秀，内部设置了专业的光学天象仪。为了同时满足内外部展示需求，这个巨大的球体需要在结构、机电、材料、灯光、音效等各个方面进行专业化的集成设计，在 1.5 米厚的球壳内有序地隐藏各种管线和设备，支撑复杂功能的实现。

在结构方面，地球模型的球体外径 20 米，高度 12.2 米，实际上是一个超半球。钢结构骨架主要由底座、径向桁架、环向连杆和斜撑组成（图 3–84、图 3–85）。在现

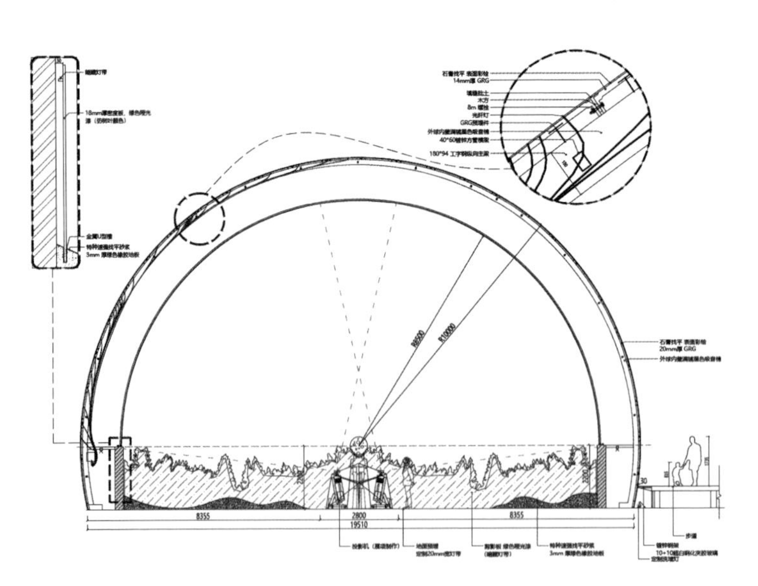


图3-84　地球模型钢结构骨架（上）

图3-85　地球模型剖面设计（下）

场施工过程中，采用全站仪、经纬仪、水准仪等，保障球体预埋件轴线偏移量不超过 2 毫米，标高偏差不超过 3 毫米。

地球模型的钢结构骨架完成后，各类机电专业施工方进场实现天象厅的基本功能。由于天象厅为直径 17 米的水平式球幕，球幕投影区域不能出现任何设备，因此各类风管、消防水管、安防线路等全部布置在球幕下方 2.2 米高的矮墙区域，音响设备、光纤灯设备等则按需分布在上方的龙骨上。在球体 GRG（预铸式玻璃加强石膏板）外表皮和内部天象厅的穿孔球幕之间，设置了整整九层防火岩棉、硅酸钙板、隔声毡、吸声模块等，既保证了球体的结构稳定，也满足了天象厅演出对建筑声学的要求和球体内外的隔音要求。

最特别的则是地球模型的外表皮，它整体采用 GRG 干挂安装的方式。日半球的 1/4 个球面主要作为光影秀的投影面，夜半球的 1/4 个球面则需要采用彩绘加光纤灯的方式展现地球上的灯光。夜半球区域的技术难度相对较高，制作方对近 400 块 GRG 板分块编号，并通过编程模拟设计，在浇筑时预埋上万根钢针，预留好之后光纤灯需要穿透和固定的位置，并在现场安装前对每一块 GRG 板完成初步的彩绘工作（图 3-86、图 3-87）。在 GRG 板完成现场安装后，再对整体彩绘进行补绘，

图3-86　“地球”GRG外表皮测试小样正视（左）

图3-87　“地球”GRG外表皮测试小样侧视（右）

然后拔出钢针，插入光纤进行固定。这种工艺流程，不仅解决了光纤灯的精确定位，也避免了在GRG板上直接钻孔容易爆边和影响强度的问题。

## 2.引力与黑洞——新材料和新工艺打造极致空间

虽然展项清单上并没有“黑洞”这件展品（图3-88、图3-89），但最终在“引力”主题区中通过装饰营造的这个场景却成为天文馆的“网红打卡点”。

按照规划，我们需要在“引力”主题区的出口处表现两个黑洞互相吸引纠缠的形态（图3-90），观众按照参观动线走入黑洞，然后“消失不见”。如何实现这个异想天开的构思呢？首先，要使整个“引力”主题区的天地墙材质、色彩、质感浑然一体，并使扭曲的引力线之网整体贯通，引导所有的流线和视线通向黑洞。同时，要在黑洞的内外形成极度的黑白明暗反差，黑洞之外是纯粹的白，黑洞之内是纯粹的黑，高反差才能形成“消失不见”的错觉。具体的实施落地还是要在材料和工艺上寻求突破。

合理的选材是第一个关键，巧妙的工艺也是成功的必需。从选材的角度看，地坪是人行走接触最多的地方，其功能性要求也是最高的。为此，我们选择现浇环氧水磨石嵌铝镁合金条的材料，其工艺及物理性能都非常稳定。墙面及天花板需要有双曲面的造型，且表面效果、质感需要尽量接近地坪的水磨石效果，同时考虑到造型要求，最终采用了GRC（玻璃纤维增强混凝土）复合磨石预制件。在具体的施工步骤上，先形成整体空间数字化模型，然后对每一块墙面和天花板进行切割，通过三维打印形成模具，再翻模完成最终的双曲面造型模块，经过场外预搭建修正后到现场拼装。贯通整场的引力线看上去是一体化的，实际上有真假两种：一种是在装饰面上嵌入金属条，另一种是在装饰面上开缝并手绘填入颜料。

完成后的“引力”和“黑洞”吸引很多观众观看研究、拍照留影，正是由

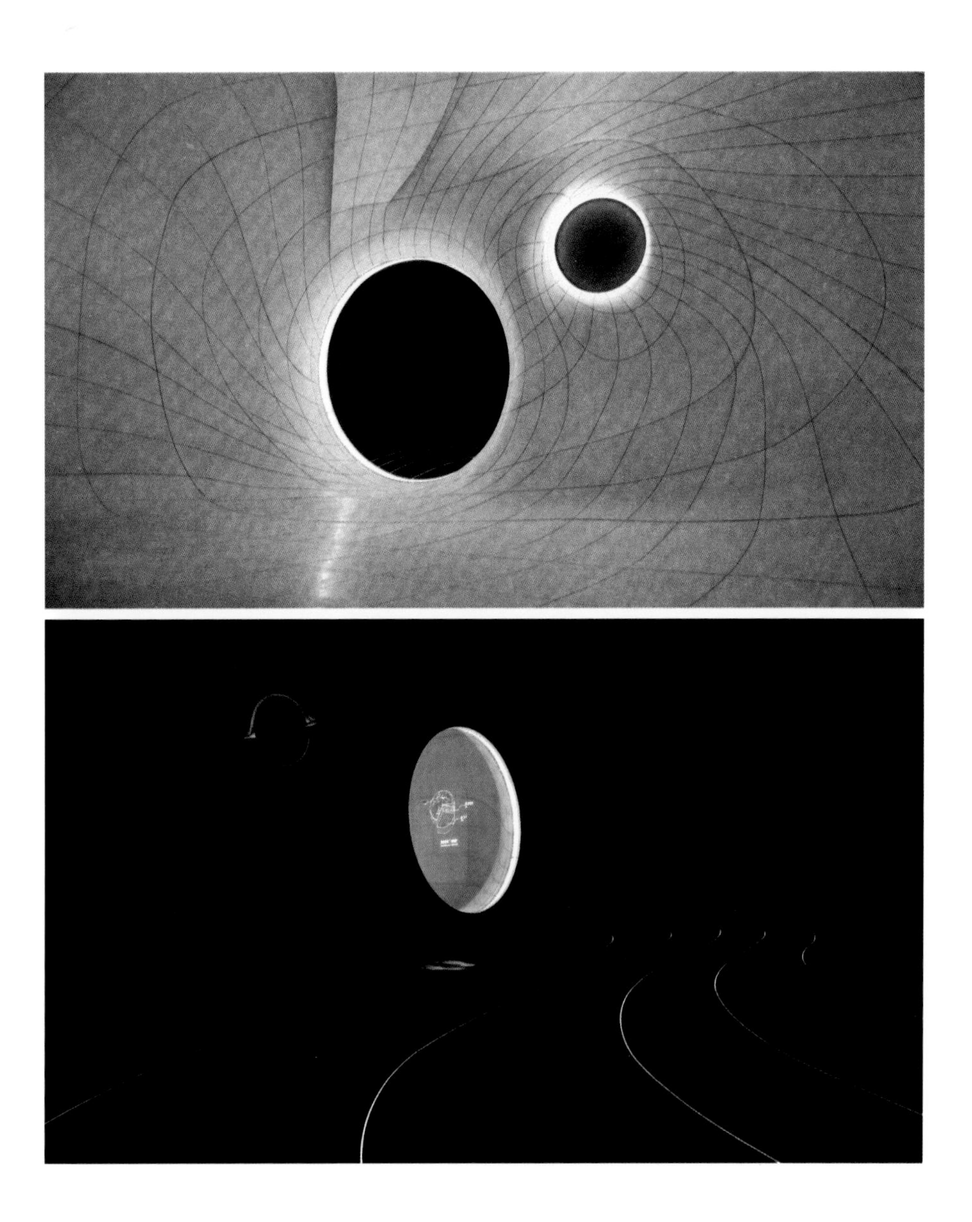

图3-88　“黑洞”之内（上）
图3-89　“黑洞”之外（下）

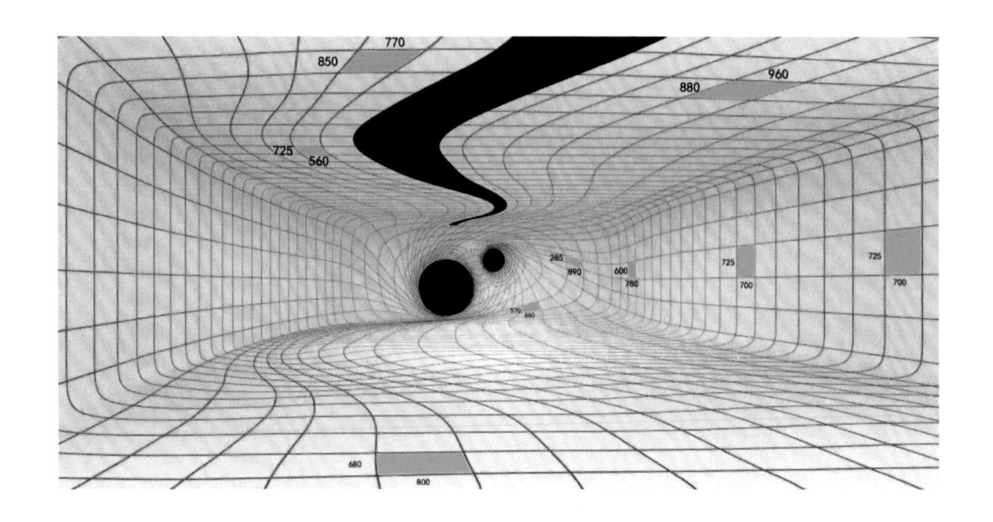


图3-90 “引力”主题区设计示意

于空间设计的巧妙构思和完美效果，黑洞对他们来说不再只是书本上的一个概念和一个遥不可及的科学名词，而成了有趣、感性的认识。

### 3.异型陨石大通柜——多专业协作的典范

博物馆里的展柜通常都是尺寸统一的标准柜，只有为了某些特别重要且造型奇特的展品才会单独定制异型展柜。“家园”展厅里的异型陨石大通柜就是这样一种特殊设计要求的产物，其设计理念源于天体的同心圆运行轨迹，这一科学唯美的造型要求给展柜的设计制作和安装带来诸多挑战。

首先，这个异型陨石大通柜由多段不规则曲面组成，虽然每个部分的材质、造型、工艺都有所不同（图 3-91、图 3-92），但在数字化设计和数控加工的支持

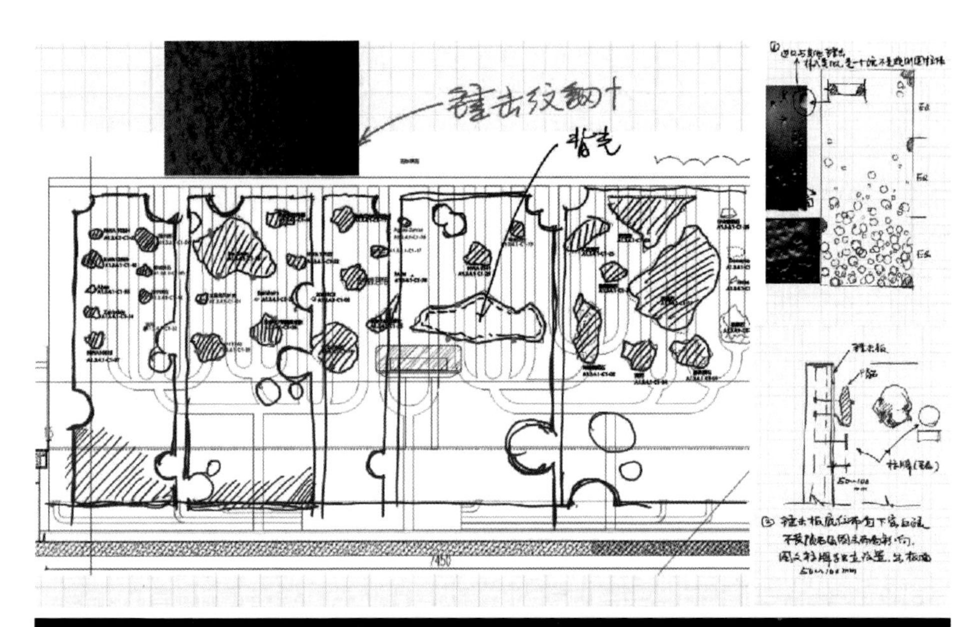

图3-91　异型陨石大通柜手绘设计（上）
图3-92　异型陨石大通柜实景（下）

下做到了相互之间的精密契合。其次，在柜内装饰方面，为了契合展示主题，我们设计定制了具有锤击纹效果的金属底板，来模拟陨石砸出的陨石坑，制造了一种有趣的视觉效果。在底板上覆以浅灰色亚光面漆，来凸显石陨石、铁陨石、石铁陨石等不同陨石展品的天然质感。再次，在灯光方面，主要采用柜内照明的方式，将灯具隐藏于展柜顶部和下方，尽可能将每一块陨石标本都覆盖到，并着重营造立体化布光，凸显陨石的色彩、形态和肌理。最后，我们还定制了原始粗犷的锻造质感螺杆，将陨石标本固定在底板上，辅以和陨石坑造型契合的黑底白字圆形标签牌。异型陨石大通柜的设计制作协调了装饰、展柜、灯光、图文等多家供应商，克服了重重困难，最终在大家共同的努力下实现了很好的展示效果，完成后的陨石大通柜形态优美、视线通透，独具特色、令人惊艳。

## （二）灯光系统

上海天文馆的展示照明设计是艺术与技术碰撞融合的产物，充分运用照明技巧与灯光语言，结合多种表现形式，从整体空间环境到局部展品展示，将整个展馆按照不同的主题架构起一个完整而庞大的灯光系统，展现了宇宙的浩瀚无垠。

### 1.“家园”展区灯光设计亮点

“家园”展区的灯光设计有三大挑战：一是要营造浩瀚无垠的“满天繁星”。二是要保证在整体较暗的环境下，所有展项和观众步道能够有充分的照明，以满足展示效果和安全的需要。三是要满足这个挑高空间中两个剧场的演出要求，包括一层的“地球变迁”开放式光影秀和二层的“假如……”剧场。因此，这个空间内所有的发光体，包括环境照明、效果照明、展品展项上可能发光和反光的部件，都需要被纳入整体考虑，通过精心设计、精确调光和程序联动控制来确保最终效果。

（1）营造“满天繁星”

营造星空效果有很多种方法，比如用荧光颜料画，用悬挂的反射体来反射光线，或者直接采用星光灯，等等。经过反复研究对比，我们最终认为光纤点阵是最好的方式，可以最大限度地加大黑夜和星光的对比，而且还可以实现动态变幻的效果。用光纤点阵营造星空的案例数不胜数，但是天文馆对星空要求更高，必须做到真实、美丽和壮观。为此，装饰布展单位和灯光设计单位做了非常深入细致的研究和设计，整个区域内涉及的大型秀演和展品展项供应商也进行了积极的配合。为了营造史上最美星空，我们主要采取了以下几个策略：

首先，对墙面和顶面材质进行了精心设计。墙面采用具有粗糙肌理的吸声材料加上黑色亚光涂料，营造尽可能黑暗的夜幕背景，在施工时将光纤直接埋入装饰面层；天花板整体喷黑，并悬挂黑色铁丝网转换层用以固定光纤。极低反光的深色墙面和天花板使背景无限退后，光纤灯所营造的星星仿佛悬浮在黑暗中，像一颗颗钻石般熠熠生辉。

其次，对光纤灯的布局进行了精心设计（图 3-93）。尽量在所有的墙面和天花板上都布设光纤以营造 360 度无死角的沉浸感。每一个光纤点位看似是无意间随机布设，其实都是经过周密计划和设计的，并且预先在图纸上锁定精确的点位，最终所有的光点整体点亮时就会呈现疏密有致的效果，还可以让人辨认出星系和星云，甚至从有些角度还能看到银河的身影。

再次，对光纤灯的灯具进行了精心设计。数万根光纤采用了 0.5 毫米、1 毫米、2 毫米、3 毫米等多种规格，按一定比例组合后随机分布，使得呈现的星点有大有小，

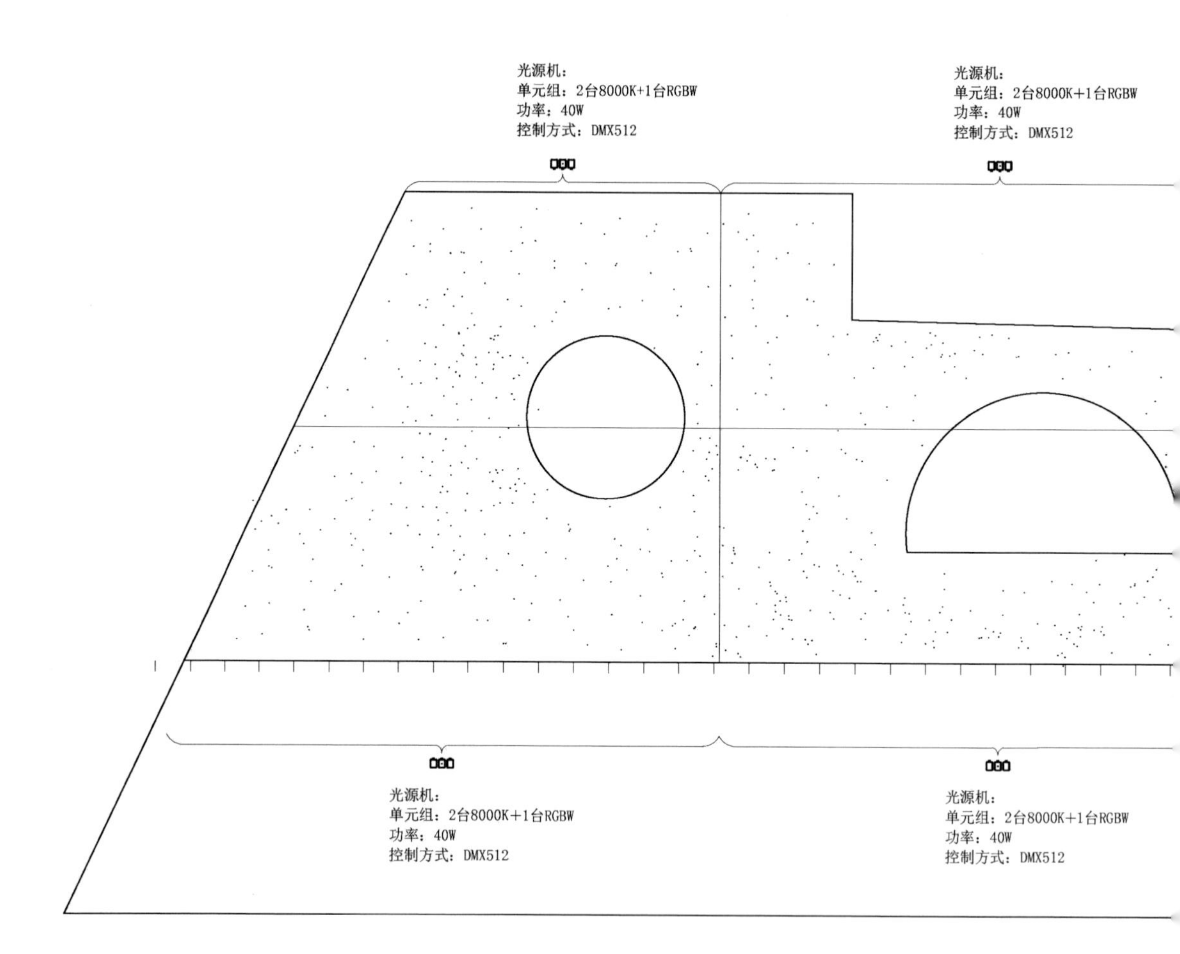
光源机：
单元组：2台8000K+1台RGBW
功率：40W
控制方式：DMX512
光源机：
单元组：2台8000K+1台RGBW
功率：40W
控制方式：DMX512
光源机：
单元组：2台8000K+1台RGBW
功率：40W
控制方式：DMX512
光源机：
单元组：2台8000K+1台RGBW
功率：40W
控制方式：DMX512

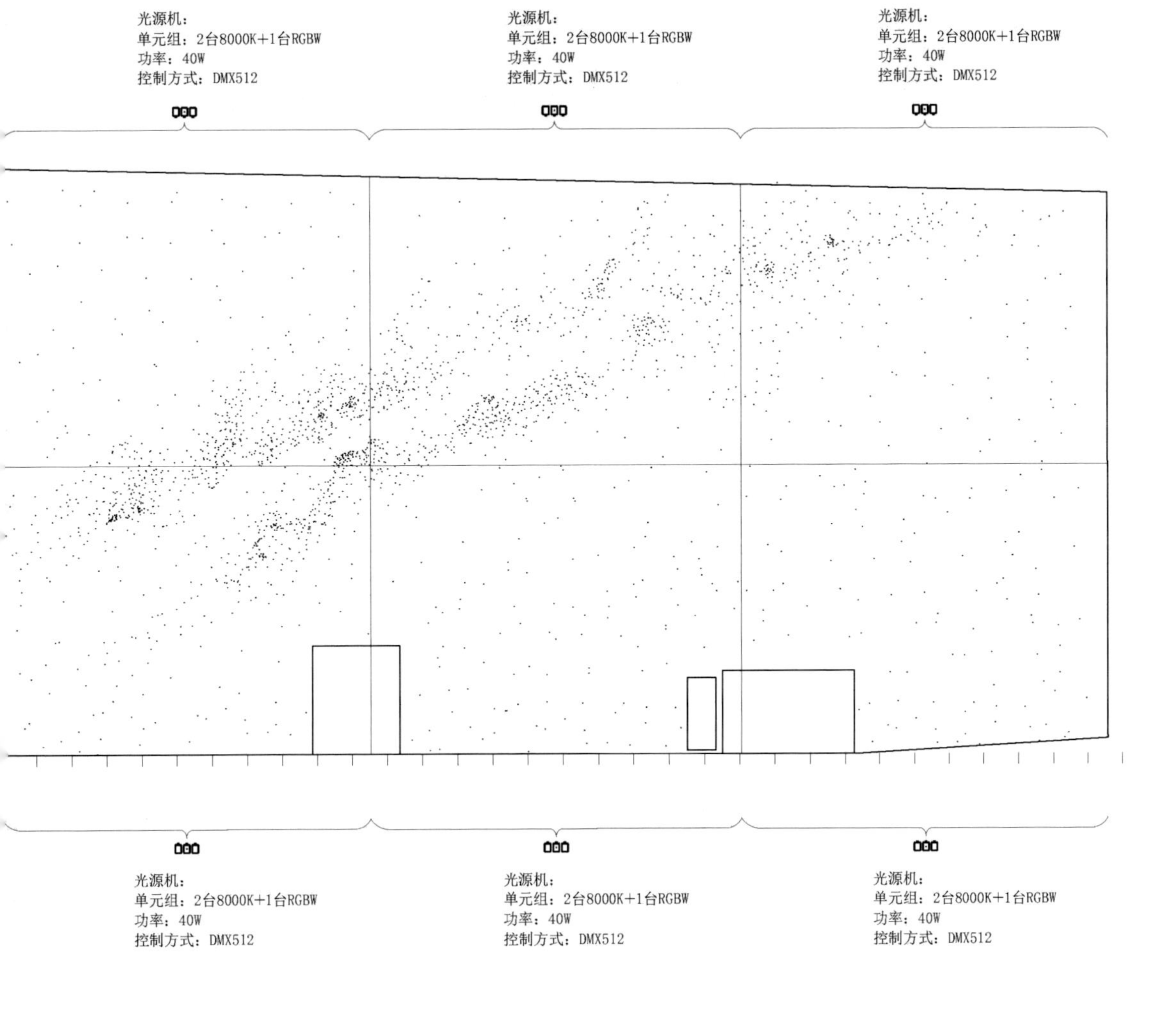


图3-93 光纤灯定位设计

图3-94 不同规格、端头的光纤灯

接近自然目视效果。而不同安装位置的光纤末端形态也有所差异：地面采用裸纤芯，墙面采用黑色包胶光纤，天花板采用钻石切割面水晶端头（图 3-94）。

最后，对光纤灯的光源和色彩进行了精心设计。采用两台 8000K 加一台 RGBW 为一组的光源机，穿插分管同一片区，按 100 平方米左右片区面积一组分配光源机，8000K 色温的光源机承担基础高色温冷白光铺垫，RGBW 光源机根据效果呈现需要通过混色得到的接近真实星光颜色的浅蓝、暖黄、橙红等色彩，从而增加星光色彩层次的丰富性。在电脑程序的控制下，满天繁星会缓慢交替地呈现出亮度和色彩的变化，亦真亦幻、美轮美奂。

（2）控制整体光效

首先，需要做好“家园”展区中绝对的视觉焦点——地球模型的照明设计。地球模型体量巨大，表面区分了日半球和夜半球，并根据脚本设计了不同的表演模式，照明设计需要根据不同区域、不同模式进行针对性设计。比如，夜半球的表面是深蓝色手绘涂料，隐约可见大陆与海洋的区分，这个区域采用了舞台染色 PAR 灯，光束角呈 45 度，2 盏灯为一组，上下衔接布光，共计 14 组 28 盏，布光区域会延伸到日半球的边界并越过一点进行衔接，力求做到投影机画面和灯光投射面的自然过渡和交融。日半球为投影画面，但接近地面的部分设置了一圈环形玻璃，下部安装了彩色柔性灯带，为球冠与地面衔接部分做好过渡。为了照亮观众行进区域，确保安全，“地球”外面的步道下部和玻璃扶手边缘均装有LED 柔性发光灯带，均为 RGBW 彩色灯带，接受 DMX512 控制，根据环境的主色调混合出最合适的色调。

对于周边的展项，同样要对光线进行严格控制，比如靠近夜半球的“神话”展项是一条长达 40 米的横向图文带，材质为铜版雕刻间隔立体灯箱。必须严格控制该区域的亮度，在保证能看清图文内容、视觉画面完整的基础上，尽可能降低画面亮度，避免该区域的反射光线对夜半球造成影响。由于整体环境较暗，展区内所有的图文均采用内发光灯箱，内置光源设为 6000K，均加设调光功能，在展区联调时进行调光以确保整体效果。

（3）精确程控保障剧场效果

整个区域内所有的灯光均被纳入整体的程序控制，当一层的“地球变迁”进入表演模式时，周边所有的环境光和展项亮度都会自动调暗，确保光影秀的表演效果。当五分钟的表演结束后，“地球”外表面进入微动态“屏保”状态，周边环境光和展项亮度又会自动调亮，恢复正常照度。而二层的“假如……”剧场会根据剧情需要定期开启机械门，在时间上必须和“地球变迁”的表演时间错开，避免相互的灯光干扰。

“家园”展区就好比一场大型舞台表演，所有的展品展项都是演员，根据剧情设定轮番上台。而灯光设计既要满足舞美的需要，营造氛围，也要配合所有的表演环节提供精准的照明。这样的灯光设计不同于通常的博物馆照明设计，需要更具表演性的照明手法、更加整体性的设计统筹和更多专业的协同作战。

图3-95　“时空”主题区设计效果示意

## 2.“宇宙”展区灯光设计亮点

“宇宙”展区在灯光设计方面最有难度和代表性的是“时空”主题区和“引力”主题区。“时空”主题区（图 3-95）的空间意象是由宇宙大爆炸展开的时空之网而来，时间、空间、光都由此诞生，因此该区域的视觉表达是由时空维度所搭建的时空之网，从空间表现形式来看就是由经线和纬线构成的网状结构，但是这个经线和纬线需要以极细的灯线来表现，同时还要求见光不见灯，也不能让观众看到支撑灯的结构。

为此，灯光设计单位专门设计研制了一套超细发光线性灯，完美地实现了时空之网的效果。这套线性灯发光面宽度仅 2 毫米，在黑色的背景下锐利挺括，极具科技感，基本达到了模拟矢量图的视觉效果（图 3-96、图 3-97）。为了确保经线和纬线交叉、锐角墙面拼接、钝角墙面拼接、双墙面和天花板拼接等各种转角衔接的顺畅，确保时空之网的整体性，设计单位特别定制开模了五大类连

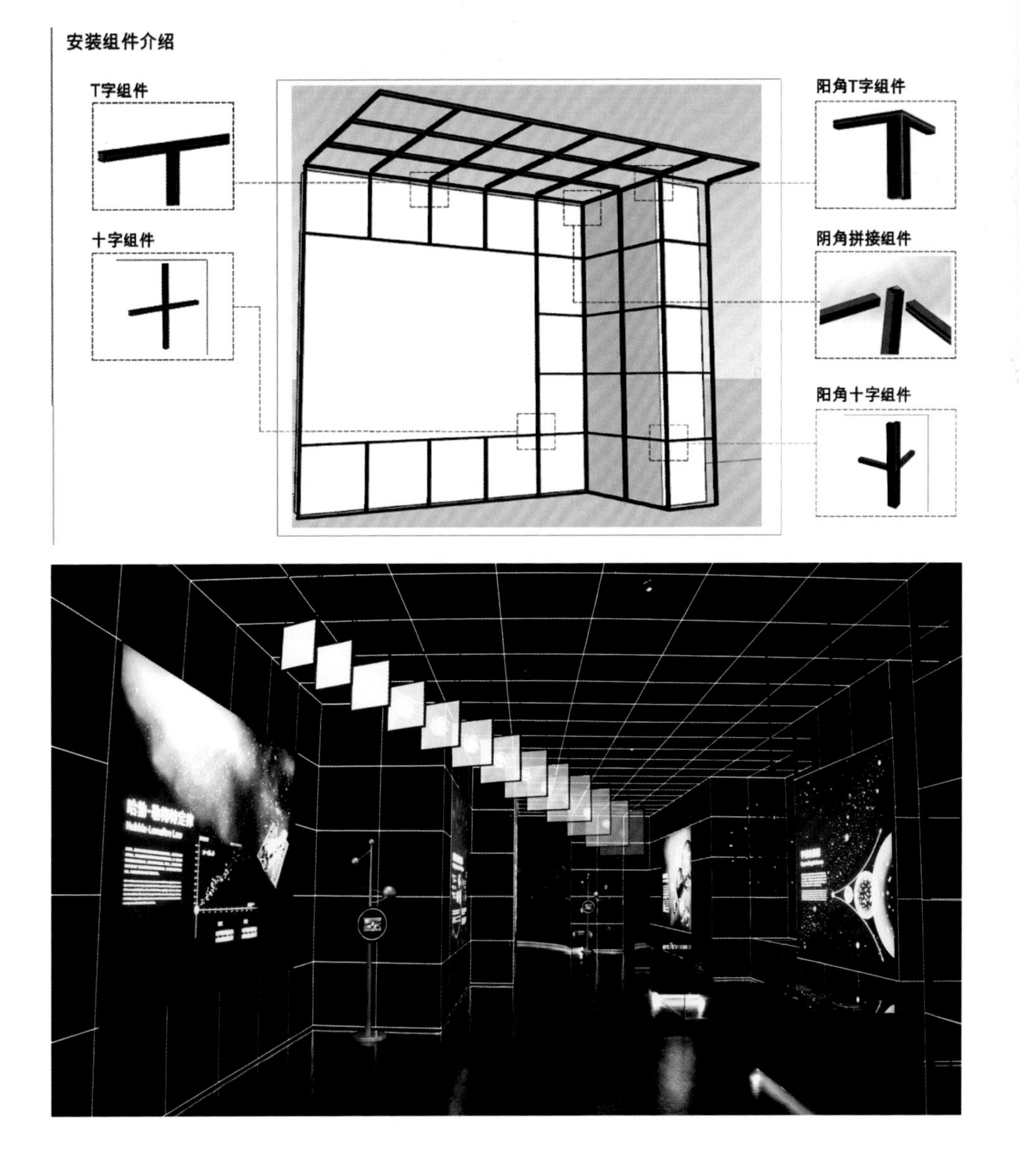


图3-96 超细发光线性灯设计示意（上）
图3-97 “时空”主题区现场实景（下）

图3-98 “引力”主题区设计效果示意

接组件，同时在灯体背面附设了磁吸条，可以轻便地将其固定在后侧钢架上。

超细线性灯在展区内完成组装测试时效果非常令人惊艳，大家总体上都很满意，但事后拍摄的一段录像还是暴露了一个问题——光源还存在频闪的情况。为了精益求精地满足观众现场拍摄打卡的效果要求，也为了更好地呵护长时间在现场的工作人员的健康，灯光设计单位调换了所有光源，解决了频闪问题。

“引力”主题区（图3-98）是一个纯白色空间，空间意象是由时间和空间所组成的时空之网在引力的作用下发生扭曲变形，并最终被黑洞吸入，消失不见。

这里的时空之网不再由线性灯来表现，而是在由环氧水磨石打造的纯白色天地墙上用金属条和手绘线组成的网格来呈现，墙面上还有局部投影和图文。

这里的难点和创新点是图文版的制作工艺和照明方式。我们最初计划用GOBO灯在墙面上投射出图文内容，但因为墙面异形，多盏GOBO灯具做不到整齐划一地完成图文内容的投射，同时，较小的文字和图形的投射无法做到高精度，因此这个方案被放弃了。多次试验后，我们终于找到了一个解决方案，

图3-99 “引力”主题区图文版

即采用荧光油墨将图文内容丝网印刷到墙面上，并利用紫外灯激发荧光剂，使其发光。为了尽可能实现白色的荧光效果，经过多次配比调试后，现场测试比对效果基本满足要求，但同时，我们也发现油墨如果直接印制到墙上，观众触摸时容易将其涂抹到周边，于是又换成了先印在亚光透明膜上，再贴到墙上，终于获得了满意的视觉效果，也更容易维护和修改（图 3-99）。

这里的紫光灯选用了可接受 DMX512 信号调光的设备，很好地解决了因为投射距离远近造成的亮度差异，特别是当荧光图文附近还有多媒体投影内容时，可以通过调亮紫光灯的输出来达到平衡光比的要求。

### 3.“征程”展区灯光设计亮点

“征程”展区以史诗般的手笔展现人类探索宇宙的伟大历程，这个展区里灯光设计最大的挑战是悬挂在天桥两侧的探测器模型的照明。

图3-100　探测器悬挂效果示意

在天桥两侧共分散悬挂了九个大小不等的探测器模型，走在天桥上的观众是采用平视视角观看它们的（图 3-100），但同时，天桥也位于“家园”展区的上空，因此“家园”展区的观众就会采用仰视视角观看探测器。为了满足多视角观看展品的需要，就要对探测器做多角度的投射照明。

为此，灯光设计采用了上下结合的方式对每个探测器进行照明，投射于探测器上部的光源选用冷色调，一方面作为观众视角的逆光光位，为整个探测器勾勒轮廓；另一方面更加符合太空深处冷峻深邃的环境底色。投射于探测器下腹面的光线选取 6000K 左右的色温，作为主光源照亮观众仰视视角看到的探测器底部。从光比上来说，从下部朝上投射的光线略亮于从上部朝下投射的光线，使整个探测器更加立体、富有层次。

由于探测器是悬挂在展区上空的（图 3-101），灯光照在探测器上，周边不能有灯光溢出，否则会投射到后方的墙面或展品上，甚至投射到具有投影画面的“地球”上。我们为此采用了可 DMX 调光的迷你舞台成像灯，它具有非常好的聚光性能，且可以自由切割出光形态，能够通过光阑和 GOBO 的制作，最大限度避免光线溢出。

图3-101　探测器悬挂实景

同时，灯光设计师们还花费了大量的精力去给每一个探测器量身定制高精度的抠像图案片。制作抠像图案片是个需要不断纠偏的工作，首先需要在灯具出射位置沿着光路对准探测器拍摄照片，然后将照片中的探测器图像“抠”出来，制作用来控制出光形状的图案片，每个探测器需要制作上下各一片。由于拍摄和对光过程中都会出现不可避免的累计误差，因此没有一个抠像图案片能一次成功，需要现场测试后再调整修改、反复纠偏直至完全吻合探测器的造型。

### （三）声效系统

上海天文馆展区内的声效系统主要包括内容设计和硬件系统设计两方面。其中，内容设计主要包括音乐创作与统筹、音效设计、建声设计等方面，硬件系统设计主要包括声场分析、扬声器系统布置、数字音频传输系统结构、监控网络等。

在天文馆策展从内容设计转向形式设计的过程中，我们一直在思考如何才能营造出宇宙神秘而悠远的氛围？如何才能给观众沉浸式的耳目一新的感觉？或许是《星际穿越》那过于出色的背景音乐所启发的灵感，又或许是因为天文界从不缺乏浪漫和温情的潜移默化，我们决定要给这个空间一点不一样的感受——在视觉之外的另一种感觉，虽然无形却很强大，那就是听觉。而且，我们要为这些主题和空间量身定制专属的背景音乐，这在国内外的博物馆或科普场馆中尚无先例。不同于普通背景音乐声音单调、重复的感觉，沉浸式主题背景音乐要使观众在观展时，可以体会和主题完全契合的音乐内容、多声道的音乐氛围和声音效果，有全新的感官体验，达到“1 ＋ 1 ＞ 2”的效果。

根据我们的设想，上海天文馆要有一段主题旋律，它能够代表天文馆的理念和主题，与建筑的风格气质也要契合，要如史诗般宏大并具有高识别度。这个主题旋律不仅可以用作公共空间的背景音乐，也可以用作对外形象传播。同时，我们还为三个不同的独立展示空间（“时空”“飞天”“中华问天”）规划了主题背景音乐，需要单独创作。最后，我们还有个有趣的展项“行星八音盒”也需要单独的音乐内容。

根据不同展示空间的主题特点，以及它们之间的相互关系，我们需要作曲家进行整体音乐创作与统筹，使这些独立区域不仅可以通过音乐串联起来，并且形成一个有机整体，用声音创造更丰富的感官维度和观展体验。同时，也要充分考虑视觉、听觉之间的关系，要做到“似有若无、相得益彰”。

### 1.远隔重洋的主题音乐创作

要为展示空间定制主题背景音乐，这个主意真是太令人兴奋了，但是没有经验和可参考的案例，我们该怎么开展工作呢？首先，要找到合适的音乐创作人。

我们在国内外考察筛选了多位候选人，最终选择了斯蒂芬・托马斯・卡维特

（Stephen Thomas Cavit）先生，他是两次艾美奖得主、两次 BMI 指挥研讨会研究员、IAAPA 铜环奖得主、圣丹斯作曲家实验室研究员等，曾参与多家国际知名影视公司、主题公园的音乐项目创作。但由于新冠疫情的原因，斯蒂芬不能到天文馆现场感受空间，我们便拍摄了空间视频，并通过多次会议向他介绍展区的主题和场景氛围要求。具体的工作过程是双方先用文字描述出每段音乐的风格定位，然后作曲家创作出几个不同的小样来给我们选择，再进行部分片段的音乐创作，讨论修改后最终完成整个作品的创作。每首曲子都进行了多轮多遍的修改，由于我们并非音乐创作专业人士，斯蒂芬也不是天文专业人士，且对现场空间也缺乏感性了解，所以很多效果有赖于双方对某个抽象主题或感觉的反复沟通来最终达成一致。斯蒂芬最终非常出色地完成了所有的音乐创作，尤其是“中华问天”的主题音乐创作对一位外国人来讲充满挑战，但他也完成得非常不错。

### 2.用听觉扩展空间——以“时空”主题区为例

“时空”主题区从时间和空间两个维度来展现宇宙的起源、结构和演化。在宇宙形成的初始，大爆炸张开了一张时空之网，然后逐渐演化成整个宇宙。从最微观到最宏观的宇宙尺度，从最短暂到最漫长的时空演变，观众将在此尽览宇宙的过去和未来，对时间和空间的本质进行科学探讨和哲学思考。

对于如此抽象和宏大的展示内容，我们在视觉上将这个区域处理为暗空间，用极细的线性灯勾勒出时空框架，并将墙体全部用低反射黑色涂料粉刷，刻意隐去了空间边界。希望能够在听觉上充分激发观众的想象力，依托背景音乐创造出巨大的尺度感，超越物理边界不断向外膨胀和延伸，体现宇宙宏大浩渺、无边无际的感觉。

在音乐创作的过程中，作曲家给出了深远而有扩展感的音乐，但我们认为最初的版本紧张感过强，经过调整后减少了压迫感而增加了舒缓神秘的感觉。同时，作

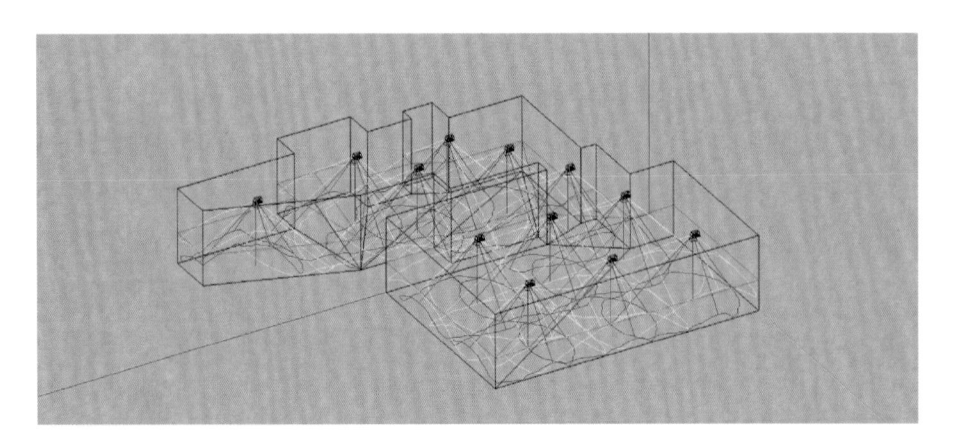

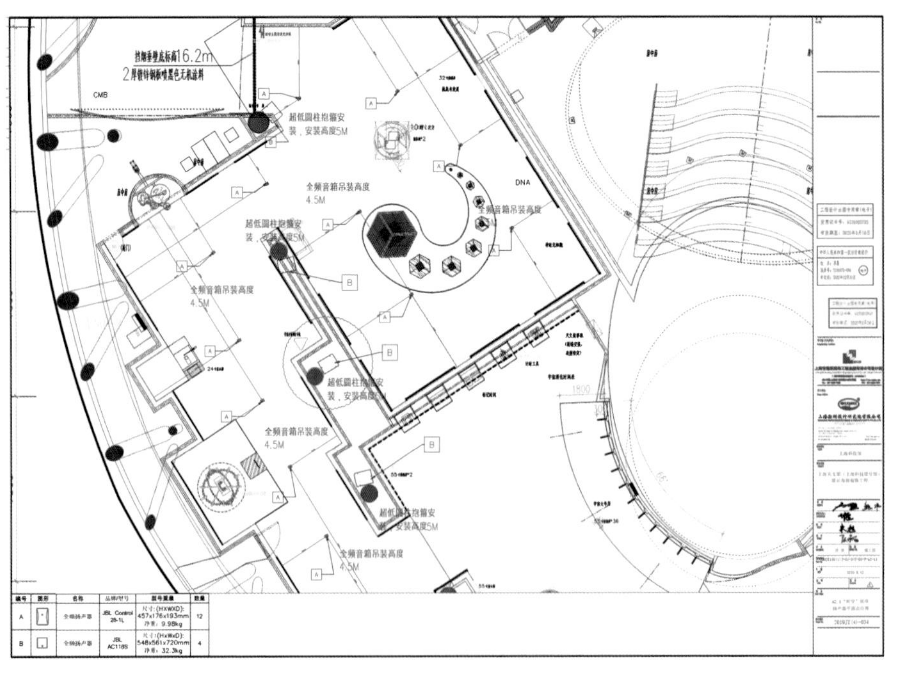


图3-102 “时空”主题区声场设计示意（上）

图3-103 “时空”主题区扬声器布置示意（下）

曲家在旋律中增加了一些具有宇宙特征的音效，有低频的噪声背景，也有高亢的亮色点缀，就好像沉寂而深不见底的星际大海中有一个灯塔（遥远的脉冲星），光芒持续地扫过我们的视野，这些声音符号很巧妙地增加了趣味性和神秘感。

在声场设计上，音乐工程师也动足了脑筋，“时空”主题区面积约 380 平方米，展区按动线可以分为前后两部分，观众会在此驻足一段时间，因此扩声系统力求达到音色优美平衡，能够令观众快速沉浸。经与音乐创作团队的沟通，我们为这个区域配置了多声道回放系统，让观众能够体会到在静谧的宇宙中存在着的流动的音乐。同时，在前后两个部分分别设置了独立的多声道效果声（图 3-102），并为两个区域做统一的声音控制设置，使它们在空间上有区分，但是在观众听感上保持整体性。

在扬声器的布置上，考虑到展厅内具有较多的展品，采用吊装方式，沿参观动线合理分布（图 3-103）。结合这个展区的音乐表现要求，配置了 12 个美国 JBL 品牌 8″全频扬声器 Control 28-1L 作为主扬声器，同时配置了 4 个单 18″超低音扬声器 JBL AC118S 补充低频能量。Control 28-1L 具有良好的声音还原度，能够很好地表现电子乐、意识流音乐、室内乐、轻交响乐等各种音乐类型。AC118S 作为 JBL 工程安装系列的超低音扬声器，具有高功率和高灵敏度的特点，同时具有大倒相孔及低频增强技术，可以达到良好的低频特性，且非常适合吊装，符合展区空间特点要求。

### （四）图文系统

在博物馆展示设计中有一个重要的组成部分就是平面设计，在传统的文博类场馆中主要是指图文版设计，而在现代的综合性博物馆展示中，还会延伸到各种装饰面上的图形和图案设计，可以说包含了所有二维平面的设计要素。本小节重点讨论上海天文馆常设展区内的图文系统策划编撰和设计制作。

### 1.图文的策划编撰

图文版的内容主要包含文字和图片，担负信息传播的功能。上海天文馆的图文版根据功能可分为标题类图文、前言介绍类图文、启迪引导类图文、知识性图文、说明性图文、标签图文、装饰性图文等不同类型，所有的图文都是中英文对照，部分还会有盲文版本。

图文文稿（即图文版的文字部分）是一个完整、统一的体系，既要做到全馆的相对统一，又要反映出不同展区的主题特点，全面立体地支撑展示理念和科学内容的传播。我们对文字的撰写也有很多具体要求，比如前言介绍类图文的文字要写意，不能仅仅是概述；知识性图文要使用故事性的写作手法而非名词解释；英文翻译需要先消化中文后再重新进行创作，而非直接进行翻译；对于不适合作为词条正文却又是必要的内容，可以作为“彩蛋”附加在词条后。我们要求所有的图文文稿撰写人要从读者视角来审视词条，寻找可以与读者产生联结的部分，让文字与读者产生情感连接，产生价值观上的契合和共鸣，避免空洞煽情和强行拔高。

在工作流程上，在展示方案策划阶段由展区负责人对每个展区的图文版进行初步规划，明确图文版的数量、主题、传播目标和编写要求等。在深化设计阶段，由具体负责图文文稿编撰的专业单位确定总体的语言风格，然后分区域组织开展每块图文版文稿的具体编撰。整个天文馆要有相对统一的文字风格，但每个展区也要有各自的语言风格，如：“家园”展区要文本优美、干净朴素，灵动有新意；“宇宙”展区要富有诗意与哲理，浪漫飞扬；“征程”展区和“中华问天”展区则要采用故事性语言进行生动阐述，将科学精神与艺术、人文、审美相结合。初稿、二稿、三稿……每一块图文版都需要逐字逐句讨论多次、反复修改，并经科学顾问的审核和文学顾问的润色，力求精准、通俗、流畅、优美，中文稿定稿后再创作英文版，而盲文版则由盲童学校的专业老师进行转化。

图文版上的图片包含照片类、绘画类和示意图，其中照片类在选定后通过正规渠道购买版权；绘画类包含科学解析图和科学想象画，由我们直接委托专业单位绘制后提供给图文设计单位使用；示意图则由图文设计单位根据内容要求自行设计。绘画类图片的创作需要兼顾科学性和艺术性，且需要插画师消化大量艰深的科学内容后进行转化创作，其难度可想而知，不论展区负责人、插画师，还是科学顾问，都为此付出了大量的时间和精力，每一幅画都精益求精、反复修改、不断优化，完成后的作品不仅满足了展览的需求，也为之后数字资源的累积和文创应用奠定了良好基础。

### 2.图文的设计制作

图文设计在展示设计中具有重要的地位，图文作为二维元素，可以在展示空间中延伸出三维空间的观感，使空间表情更加丰富细腻。在展览展示中，图文设计能够更好地传达展览信息，既是对展览大纲的一次视觉化呈现，也是色彩搭配、文字排版、构图形式等视觉美感与内涵美感的重新组合，承担着重要的美学传播功能。

图文版的形式需要结合展览的形式统筹考虑，有很大的灵活性和表现力。图文设计贯穿于整个展览，不仅需要根据展览的设计风格进行视觉传达统一性设计，还需要符合观众的观展和信息阅读习惯，清晰流畅地实现信息传递的功能。

在整体规划设计中设有“图文设计”专项，针对图文版的平面设计和外观形式设计都有明确具体的设计规范（图 3-104）。在平面设计方面，确定设计风格、色彩规范、排版规范等都是确定的，不但要求美观大方、易于阅读，还要求凸显主题特色并富有创意。这个阶段以绘制彩色立面图的方式对各展区的主要图文版进行初步设计，确保后续的深化设计能够充分理解并贯彻所有的设计要求。在图文版的外观形式设计方面，根据主题特色、环境氛围等明确具体的外观造型、材料工艺和照明方式，通过打样确定效果后再开展深化设计和制作。上海天文馆的图文版根据材料

图3-104 图文设计规范示例

工艺的不同，主要包括墙布写真类、灯箱类、刻字类、GOBO 灯投影、铜版雕刻彩绘等。

以“家园”展区为例，展区整体采用星空氛围，所有的墙面都布满了光纤星点，所以无法使用墙面来布置图文，我们就把图文版与展台整合在一起。由于同一个展台上有图文、多媒体触摸屏、小型展品和模型等多种元素，因此要充分考虑互相之间的视觉协调和安装组合方式等。同时，整体的星空氛围造成环境照度比较低，展区层高又比较高，图文版就采用了自发光灯箱的照明方式，在保证可读性的同时做好整体光环境的控制。

有时，图文版将超越信息传播的单一功能。比如“家园”展区入口处的图文版“神话”，它通过艺术图文的方式讲述古埃及、古印度、古代中国、玛雅、

图3-105　“神话”艺术图文版

古希腊等不同文化中的天文神话故事（图 3-105），具体采用了铜版艺术雕塑结合多层剪影版灯箱的形式。这块图文版已经远远超越了简单的图文功能，升级为一个独立完整的展品和艺术品，既完成了内容表达，也烘托了环境氛围。

图文版的设计制作是一个时间跨度长、覆盖面广的工作，几乎是最早开始、最晚结束的项目，需要极大的耐心和深入细致的工作。在建设指挥部内部涉及图文项目组、展区负责人、展品项目组，在供应商中涉及图文文稿编撰单位、图文版设计制作单位、展品设计制作单位、装饰布展设计师、灯光设计单位等，需要多方共同协作才能取得满意的效果。优秀的图文版不但能吸引观众驻足、清晰准确地传递信息，还能够提升展区环境和设计美感，有时还能弥补缺陷、强化亮点和重点，甚至自身就成为一件优秀的展品，绝对值得展示设计师充分重视、认真对待。

## 八、科艺融合——以感性之手，演绎理性之美

天文学中不乏抽象深奥的科学概念和枯燥难懂的物理方程，造成了天然的理解障碍和学习壁垒，很难激发观众的探究兴趣。科学之美体现了科学感性的一面，是科学之理性所不能拥有的独特优势。通过美的形式展现科学的原理和过程，可以让观众更直观地感受和理解科学，激发他们的创造力和想象力，提升跨学科的思维和能力，在潜移默化中完成科学知识的内化和建构。

科学和艺术的结合不仅仅要体现在公共艺术项目和部分展品中，还应该普遍浸润到所有的图文媒体、展品展项和环境中，使观众能在视觉、听觉、触觉的感受中全方位感受到美——科学的美、自然的美、人文的美、艺术的美。可以说，美是一种自觉，是一种潜意识，只有深深镌刻到基因中，融入过程中，才能自然而然地流露出来。

### （一）公共空间艺术项目

公共空间中的艺术品规划是建馆之初便有的设想，我们希望通过艺术家们感性的理解和表达，来实现科学和艺术之间的交流和互动，让观众有机会用另一双眼睛去看科学、看宇宙，走出固有的局限，激发无穷的遐想。

考虑到天文馆本身作为科普场馆的定位和以青少年为主的观众群体，我们对艺术品的创作设定了一些原则：首先，天文馆中的艺术作品应具有较高的、普世的审美价值，应能够得到学界和公众的广泛认同，避免过于极端或个人化

的表达。同时，作品要具有正确的科学观和宇宙观，符合基本的科学原理和事物的普遍规律，且具有一定的思想性和启迪性。

在公共艺术项目的策展规划阶段，我们经过对场馆整体定位、目标观众、展示主题、建筑空间等方面的综合考虑，决定就以上海天文馆的展示主题“连接人和宇宙”作为公共艺术项目的主题，将宇宙的五个要素——时间、空间、引力、光和生命——分别作为五个不同空间点位公共艺术作品的主题。

时间、空间、引力、光和生命既是我们身边最熟悉的事物，但本质上又是抽象的科学概念。不同时代的科学家和艺术家对于这几个概念都会有自己的理解和表达，而今天的艺术家又会怎样去呈现这些主题？经过充分的前期调研和严谨的采购程序，我们最终委托了六位国内外知名的艺术家为上海天文馆创作公共艺术作品。

### 1.郡田政之：《引力》

《引力》位于户外圆形大草坪，是上海天文馆户外区域最核心的公共艺术作品，由日本艺术家郡田政之（Masayuki Koorida）为上海天文馆特别创作。作品是一件直径 11 米、高 10 米，由 12 个高反射镜面不锈钢椭圆球体组成的大型不锈钢雕塑（图 3-106、图 3-107）。12 个椭圆球体相互吸引、牵扯，仿佛要向四周迸射，又仿佛都在向中心聚集，形成一种并不稳定的平衡，似乎寓意着宇宙中天体之间无处不在的引力作用。当观众走到雕塑周围，或进入雕塑的内部空间时，周围的一切——建筑、景物、人的影像全都反射在不锈钢镜面上，在扭曲和变形中成为作品的一部分。入夜后，雕塑周围草坪上的星光灯点亮，巨大的雕塑仿佛隐入了黑暗，只留下反射出的无数灯点与天上的星星交相辉映。《引力》具有很强的科技感和未来感，富有鲜明的天文特征和丰富的想象空间。

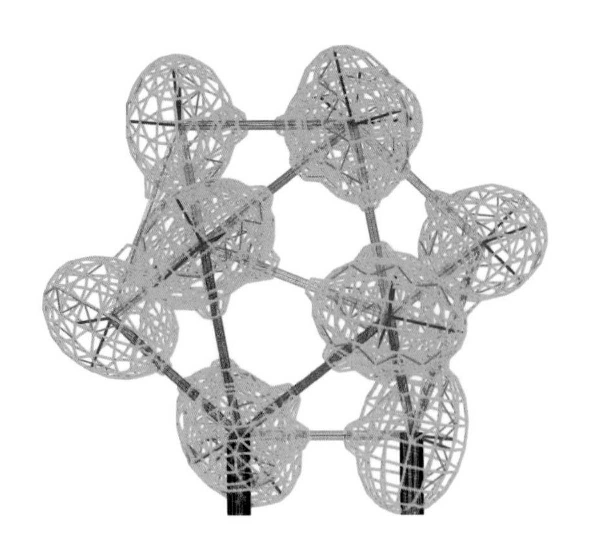

图3-106 《引力》（上）
图3-107 《引力》设计图（下）

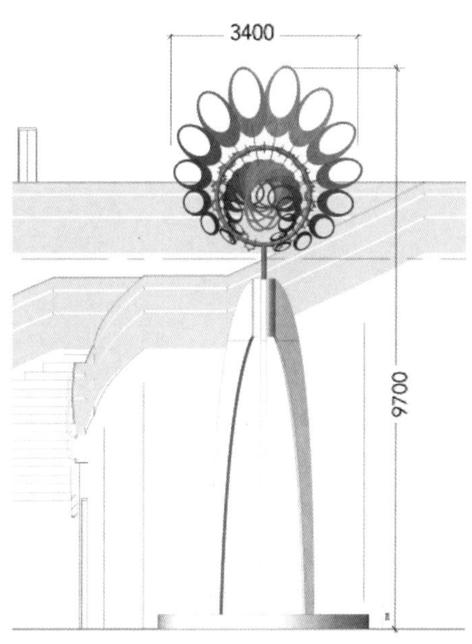


图3-108 《朔弦晦望》（左）
图3-109 《朔弦晦望》设计图（右）

## 2.安东尼·豪：《朔弦晦望》

《朔弦晦望》位于主体建筑室内公共空间地下一层到一层的挑高空间，是室内公共空间最核心的艺术作品，由美国艺术家安东尼·豪（Anthony Howe）创作，同时也是他在中国授权落地的首件作品（图3-108、图3-109）。《朔弦晦望》是一件大型不锈钢动态雕塑，具有艺术家标志性的风格特征，作品以中国农历中的月相命名，极具中国传统文化意境，将卫星（月球）、行星（地球）、恒星（太阳）的动向（运动本身及其光芒）抽离出来，表现为一种全新的动感光影变化，轻盈灵动、富有韵律。作品会根据感应到的日光强度自动调整转速，当叶片转动的刹那，无数光斑映射在周围墙面上，美妙而引人入胜，让人忍不住静观遐思。

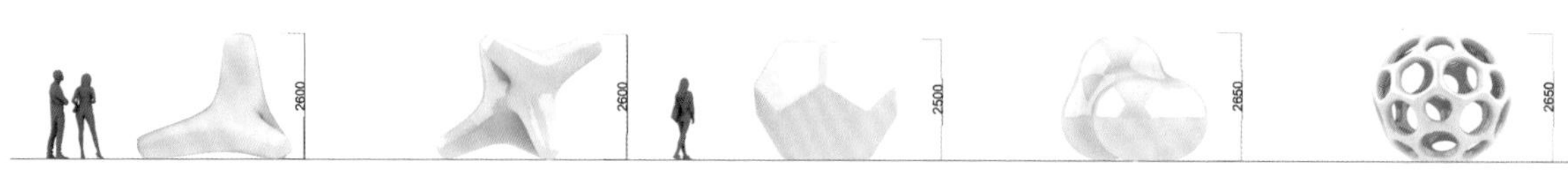


图3-110 《生命》（上）
图3-111 《生命》设计图（下）

### 3.文森特·勒罗伊：《生命》

《生命》同样位于户外草坪，处于银河系旋臂的位置，由法国著名艺术家文森特·勒罗伊（Vincent Leroy）创作，是一组由五个单体组成的系列雕塑（图3-110、图3-111）。作品的创作灵感来自生命起源的假说之一——小行星进入大气后由有棱有角的毛躁结构被逐渐气化磨损为圆润造型的变化过程，同时也受到地球上最古老的生命形式之一——有孔虫的多样形态启发。最终构建出的作品由五个石材质感的几何造型雕塑组成，形态各异、由繁至简、相互关联，似乎寓意着生命来自太空，但同时它并非只有我们所熟悉的形式，激励着人们寻找外星生命的热切梦想。

图3-112 《恒星——诞生、光明、耀灭》

#### 4.瞿倩梅：《恒星——诞生、光明、耀灭》

《恒星——诞生、光明、耀灭》位于“家园”展区通往“宇宙”展区的坡道上，由中国艺术家瞿倩梅创作，由一组三幅大型综合材料绘画作品组成（图3-112）。这组作品采用大漆、砗磲粉、红木屑、朱砂及矿物颜料，运用坦培拉绘画技法，分别绘制了恒星生命周期中的三个过程：核聚变反应（诞生）、持续燃烧（光明）和坍塌（耀灭）。天然的绘画材料、极具张力的构图、雕塑般的立体效果、纯粹大胆的用色，营造出亦真亦幻、似实若虚的星际空间，诉说着恒星从诞生到死亡短暂而漫长、平凡而辉煌的一生。

#### 5.其他公共艺术作品

《光的速度》由美国艺术家米歇尔·奥卡·多纳（Michele Oka Doner）创作，位于“家园”展区入口处。经过艺术家的精心构思，作品与空间高度融合，营造出一种神秘而神圣的仪式感。

《宇宙》是已故日本国宝级艺术家多田美波（Minami Tada）的作品，位于“宇宙”展区的开始，作品用极其简约、抽象的造型表现了无形无相的宇宙，激发观众的思考和感悟。

上海天文馆与上海交通大学李政道图书馆合作的科艺作品展位于一层通往二层的坡道，展示李政道科艺基金大赛的获奖作品，每年更新一次。

### （二）科艺结合创新展品

在上海天文馆中，根据展示传播的需要，我们策划设计了一系列被称为“艺术装置”的特殊展品。这些展品大部分位于展区空间中，有些也会因为空间原因被调整到公共空间中展示，它们是整个展示系统的有机组成部分，承担着具体的科学内容传播任务。但由于所要表达的内容过于抽象深奥，难以通过传统的展示手法来呈现，因此我们委托艺术家来主导展品的创意设计，寻求科学概念艺术化表达的新路径。

这些特殊展品中的每一件都是原创的艺术品，承担着艺术表现和科学表达的双重使命。创作过程充满艰辛，有时是因为艺术家无法理解科学，有时是因为科学家无法认同艺术，更多的时候是无法找到合适的艺术语言来呈现科学内容，或是设计方案在技术落地上碰到困难，无法实现预期的艺术效果，等等。但无论如何，最终所有的展品在多方的共同努力下都得以完成并呈现在观众面前，少数虽经反复试验仍留有遗憾，但整体上仍然取得了预期的效果，其艰难的探索过程为今后类似方向的项目创作积累了宝贵的经验，本小节将介绍其中几件代表性展品。

### 1.行星八音盒——用音乐展现天体的节律之美

“行星八音盒”是上海天文馆的原创展品。对于天文科普场馆，太阳系仪是一件必不可少的基本展品，但在设计创意过程中，我们始终不满足于仅仅做个传统的太阳系仪，而是希望它能够另辟蹊径、独具特色。

毕达哥拉斯学派的观点给了我们灵感，他们认为天文学其实是研究天体的音乐，天球以不同的速度均匀转动，如同乐器发出不同的声音。那么我们能否把太阳系八大行星运行中的节律之美表达出来？如果能将这些节律转化为音符，将它们谱写成优美的旋律，该是多么美妙的事！于是我们对展品有了初步的构想：它分为上下两个部分，上面为裸露式机械结构驱动的太阳系仪，下方以连杆和齿轮带动机械八音盒旋转，演奏以八大行星运行节律为主题创作的乐曲。

这个展品的开发研制需要擅长机电展品设计制作的单位和作曲家的完美合作。同时，项目也存在着诸多难点，比如裸露式机械结构的设计和加工既要满足功能、科学性，还要充分体现机械美。最终，150 个铜制齿轮与传动机构的默契配合完美实现了八大行星模型按照真实的运转方向、轨道周期比例旋转（图 3-113）。八音盒的制作并不顺利，我们最初希望能够委托专业的八音盒制作单位定制，几经努力发现不可行，后来还是由展品制作单位自行研制开发了八音盒的音梳和机械唱盘，经过作曲人对音准和音色的反复调整，最终才达到较为满意的效果。

而八音盒的乐曲创作也并非一帆风顺。在音乐创作史上也曾有过以行星为主题的作品，如英国作曲家霍尔斯特创作的管弦乐《行星》组曲，但大部分作品以写意为主，与行星的运行节律没有直接关联。因此，我们最初的想法是希望通过科学数

图3-113 “行星八音盒”展项

据可视化，将八大行星运行的相关数据如轨道周期、周长等通过艺术化处理谱写为一段旋律。但后来实际测试下来，发现这样形成的旋律并不悦耳，我们不得不放弃了数据可视化的方向。最终完成的作品主要基于八大行星在人类文化理解中所表现出来的性格特质，再结合八大行星的体量大小、运行速度、与太阳的距离等因素，以音乐语言综合表现。比如：水星离太阳最近，运转速度最快，体态最为轻盈，音乐形象就比较欢快灵动；木星是体量最大的行星，行进缓慢，略显笨拙，音乐形象就相对低沉稳重；海王星离太阳最远，轨道周期也最长，遥远而寒冷，音乐形象就更为缥缈柔弱。整首旋律共 2 分 15 秒，每颗行星有 10—20 秒的音乐旋律，互相之间短暂停顿，总体上从欢快到悠远，很好地体现了八大行星在人们心目中的形象特点。为了更好地在机械八音盒上表现这首旋律，作曲家一开始就直接以八音盒的音符和音色特征进行模拟，为后续展品忠实再现八音盒的音乐风格奠定了基础。

图3-114　“宇宙大结构”艺术装置

可见，一件原创展品的诞生充满了挑战和困难，从创意到制作完成、达到预期效果，需要所有人以永不放弃的韧劲和精益求精的执着追求协同努力才能圆满完成，这一点在“行星八音盒”这件展品的开发研制上得到了充分的体现。“行星八音盒”是上海天文馆的明星展品，充分体现了科学、技术和艺术的完美结合，它十分荣幸地代表上海参加了 2021 年 10 月在北京展览馆举行的全国“‘十三五’科技创新成就展”，得到了社会各界的认可和喜爱。

## 2.用玻璃艺术丈量宇宙尺度

“时空”主题区有一组表现不同空间尺度的展品“宇宙大结构”，经过前期研究和多方比较，我们决定通过玻璃艺术的方式进行呈现，具体表现从 10 的负 10 次方到 10 的 26 次方空间尺度的不同代表性对象，从小到大依次为氢原子、DNA、神经元细胞、人体、地球、太阳系、银河系、星系团和宇宙大结构（图 3-114）。

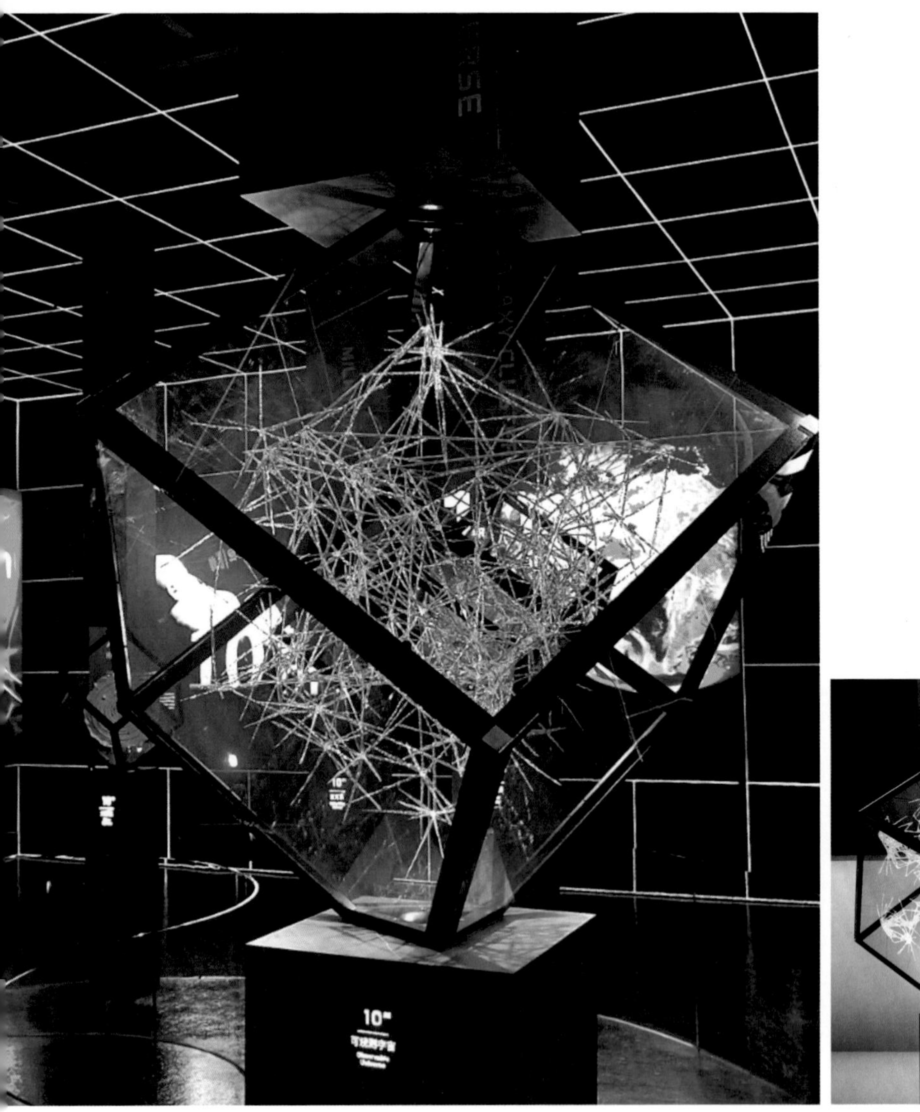

图3-115 “10的26次方的宇宙大结构模型”展项（左）
图3-116 “10的26次方的宇宙大结构模型”电脑模拟示意（右）

“宇宙大结构”由上海大学上海美术学院庄小蔚教授领衔主创。九个玻璃艺术品安装在依次抬高的基座上，是整个区域的视觉焦点。它们的设计和制作对艺术家提出了巨大的挑战，首先要找到每一个对象准确的参考资料和科学素材，设计出基本形态，经科学顾问认可后，再尝试不同的玻璃工艺，比如灯工、浇筑、吹制、雕刻等进行表现，力求用最合适的工艺方式来实现最好的视觉效果。

其中最有难度的莫过于代表 10 的 26 次方的宇宙大结构模型。我们先后考虑过玻璃层叠结合丝网印刷、多个屏幕组合为立方体，甚至设想抓捕活体漏斗蛛现场织网等各种方式，但诸多方案要么重量过大超过楼板载荷，要么成本过高超过预算，要么难以持久，后续维护成问题，我们始终无法找到合适的方向。经过多轮方案的尝试，最后采用了多组放射性玻璃造型进行组合的方式来呈现（图 3-115、图 3-116）。由于整个造型需要悬挂于倾斜的立方体玻璃盒内，整个造型的设计和组合都需要先在软件中进行模拟，再由人工加工出玻璃模块进行场外预搭建测试，不断调整优化达到理想效果后，在现场拼装黏合完成。

### 3.“无尽无极”展现中国古人智慧

“中华问天”展区展现了中国古代至当代对宇宙探索的历程，在入口区需要呈现中国古人对宇宙的理解和思考，其中需要呈现盖天说、浑天说和宣夜说等三种中国古代最重要的宇宙观，以及天人合一、阴阳太极等中国古代哲学观。这个区域作为展区的序厅，也将确定展区的主调并开启后续的参观。

这个名为“无尽无极”的艺术装置（图 3-117、图 3-118）由上海视觉艺术学院的李乾煜老师主创设计，灵感来源于太极阴阳图所表现的原始宇宙状态，太极分化形成天地，并隐喻了星系的造型。作品由数千个悬挂于天花板的金银两色立方体组成阴阳太极的总体造型，中央有圆球天体造型和抽象化的重峦叠嶂，综合表达中国古代智慧中的宇宙意象。

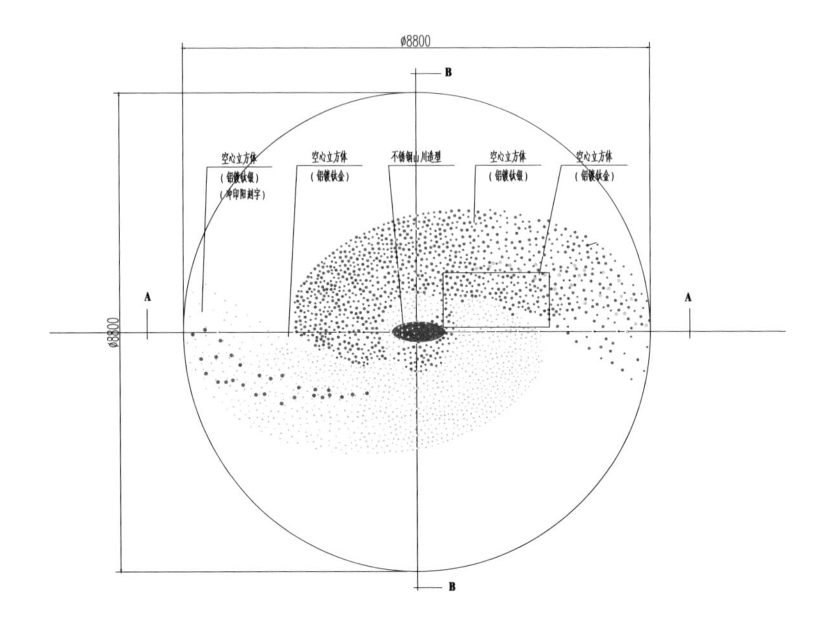


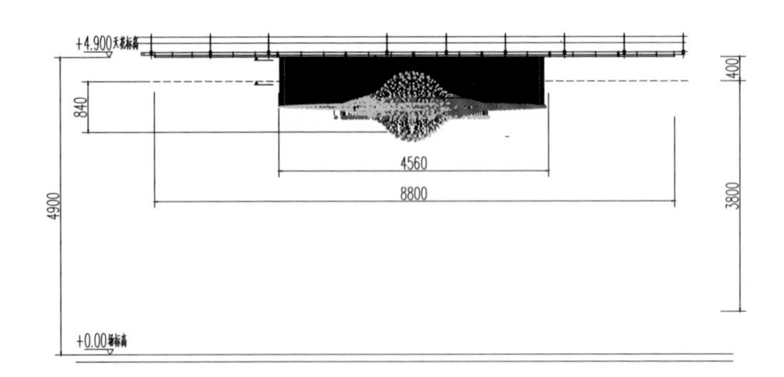


图3-117　“无尽无极”设计图（俯视）（上）

图3-118　“无尽无极”设计图（剖立面）（下）

图3-119　“无尽无极”艺术装置

在“无尽无极”的下方是据考证中国最古老的天文观测遗址陶寺的抽象艺术造景，而在该区域，我们还邀请作曲家创作了悠远古朴、充满中国古典音乐元素的背景音乐，上下对应、虚实结合，营造了厚重宁静的整体空间氛围，使进入“中华问天”展区的观众自然地安静下来，穿越时空、化身古人，仰望宇宙洪荒时代的历史星空（图3-119）。

## 4.氤氲丝绢中的“宇宙大爆炸”

宇宙大爆炸模型是宇宙起源的重要假说，也是天文科普中的重要内容之一。一张标准大爆炸图像配以相应的文字介绍，是最常见的展示方式，但对于普通观众来说仍然晦涩难懂，我们应该如何更形象直观地展示宇宙大爆炸呢?

经过分析，我们认为虽然大爆炸过程发生于极短的时间内，但再短的过程仍然可以划分为不同阶段，并提炼出视觉化表达。如果将大爆炸几个不同阶段进行时间凝固，然后按顺序排列，就好比对这个事件过程进行了 CT 扫描切片，这样能否直观地展示大爆炸不同阶段究竟发生了什么?

结合专家的建议，我们最终选择了奇点、夸克时期、从强子到轻子、核合成时期、微波背景辐射、第一批恒星、银河系形成、行星的诞生、现代蛛网结构等九个标志性发现和事件作为大爆炸九个阶段的代表，然后对每个事件进行艺术化图形表现，形成九个大小不等的圆形图案（图 3-120），再顺序排列组成了一个钟状造型（图 3-121）。由于空间尺度较大，本来需要屈身于“宇宙”展区的这件作品被移到宽敞明亮的公共空间内，悬挂于三楼天桥的一侧，观众可以随着参观行进，从不同角度动态观看这些图案切片，在有趣的视角变化中了解宇宙大爆炸模型的概貌。

在具体的材料工艺上，为了增加层次感和通透感，我们采取了丝绢材料作为基底，在其上印刷图案，色调也采用低饱和的水墨色，最终呈现出细腻的半透明质感。外部圆形框架管径尽量缩小到最细，采用不锈钢材质并覆以亚光烤漆，就像绣花用的绷架一般。这组切片叠层展示时，似透非透、轻盈灵动，与环境低调融合，宛如一组具有中国古典意境的屏风（图 3-122）。

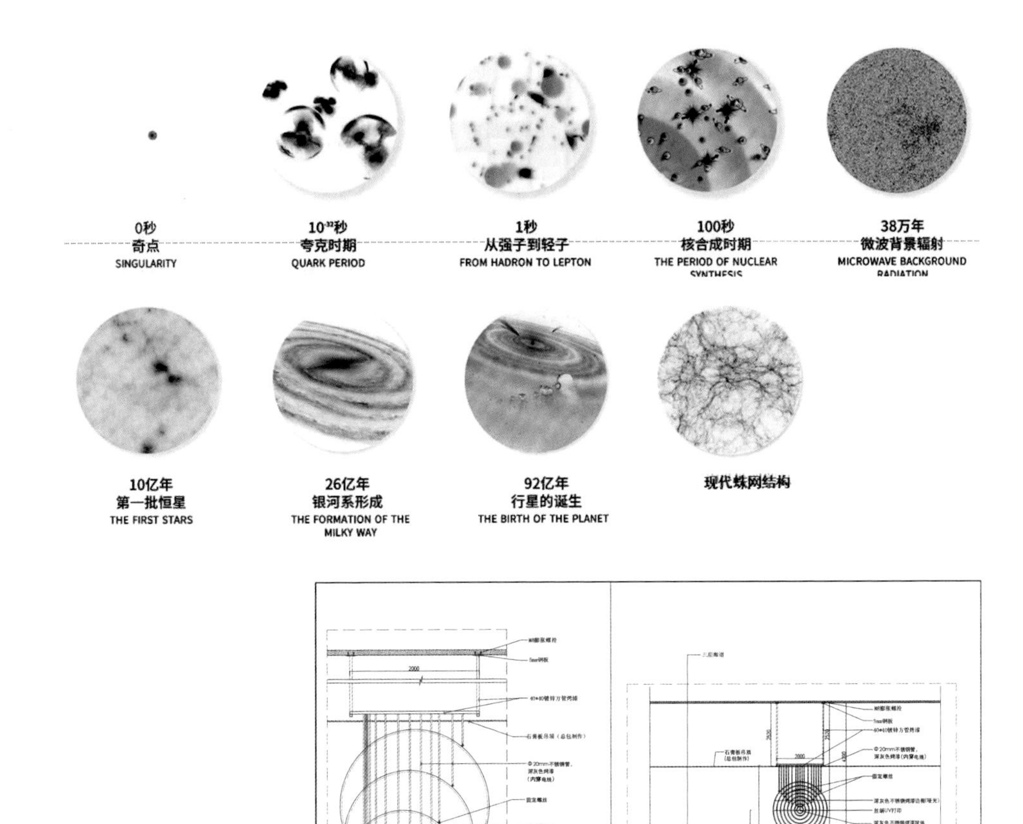


图3-120 九个标志性发现和事件的艺术化图形（上）

图3-121 “宇宙大爆炸模型”设计图（下）

图3-122 “宇宙大爆炸模型”艺术装置

## 5.系列艺术装置表现宇宙观的演变

“星河”主题区是上海天文馆中表现天文学史相关内容的区域，在人类探索宇宙的漫长历程中，宇宙观的演变是人类对宇宙理解和认知的最直接反映。经过提炼，我们从内容角度概括出“天圆地方”“地心说”“日心说”“星系的宇宙观”“大爆炸宇宙观”等五个代表性宇宙观。

如何直观展示这些不同文化历史背景、不同科学和技术背景下的宇宙观呢？结合这个区域的整体方案和传播目标，我们希望通过一组五个艺术装置来进行表达，并沿着参观动线按照时间顺序从古代到现代依次布局。

图3-123　“宇宙观演变”艺术装置：天圆地方

“天圆地方”“地心说”“日心说”这三个装置统一采用黄铜材质制作立体雕塑模型，并设置于逐步抬高的劳伦斯黑金天然大理石底座上，代表人类对宇宙认识的不断进步。其中，“天圆地方”（图 3-123）叙述着遥远的洪荒时期，人类对于天地宇宙的最初设想，天空呈半球形笼盖在四方形的大地之上。“地心说”展现的是影响人类社会长达千年之久的由托勒密提出的以地球为中心的宇宙模型，其中铜制的轨道为古希腊本轮－均轮宇宙体系下行星的运行轨迹。“日心说”则展现了波兰天文学家哥白尼提出的以太阳为中心的宇宙体系，这一体系实现了天文学从神学中解放的巨大突破，掀起了人类近代天文学革新的浪潮。

图3-124　宇宙观演变艺术装置：星系的宇宙观（左）
图3-125　宇宙观演变艺术装置：大爆炸宇宙观（右）

“星系的宇宙观”（图 3-124）和“大爆炸宇宙观”（图 3-125）采取悬挂的方式固定于天花板之下。“星系的宇宙观”根据赫歇尔所描绘的银河系画像进行演绎，以镜面不锈钢材料打造的椭球体上布满了表现星系和恒星的小孔，内置的灯光从疏密相间、大小不一的孔洞中透出，如同点点星光。“大爆炸宇宙观”则表现了自望远镜发明之后，人类使用更先进的天文仪器和观测技术，将视野极限拓展到太阳系之外的银河系宇宙空间，并对宇宙起源提出了宇宙膨胀学说，形式上表现为由不同造型的灯珠排布成向外辐射的球形矩阵，就好像一盏精致美丽的水晶吊灯。

这一组艺术装置融科学、人文和艺术于一体，创新了宇宙观的表现形式。

图3-126 “月球的诞生”艺术模型

## 6.定格月球诞生的几个瞬间

月球，作为地球在宇宙中最亲近的伙伴，它是如何形成的呢？月球的起源众说纷纭，如“分裂说”“俘获说”“同源说”等。主流的观点认为月球起源于大约40亿年前的一次撞击，一颗火星大小的天体猛烈地撞击了当时的地球，撞击过程中将部分物质抛向太空，这部分物质受地球引力的影响在地球附近绕转，最终慢慢汇聚形成了现在的月球。

这些精彩的画面以往只在科学家的脑海中存在，我们能否将它们通过更加直观的方式呈现给观众呢？我们想到将月球形成中的重要阶段用雕塑的方式呈现出来，四个模型（图3-126）凝固了月球形成过程中的四个瞬间，就好比是一组立体的四格

图3-127 “月球的诞生”模型制作过程（1）（上）
图3-128 “月球的诞生”模型制作过程（2）（下）

漫画，既直观又有趣。雕塑家李乾煜老师先用泥塑捏制成符合科学性又充满力度的月球造型（图 3-127、图 3-128），然后再翻模浇筑成型。当银色的铸铝模型呈现于眼前时，我们仿佛看到了数十亿年前的那些时刻。四个模型矗立在弧形展台上之后，模型间的距离、模型与展台之间的空间关系、灯光的角度等都经过了精心设计，向观众再现着数十亿年前的那些重要时刻。

相对于图文和动画来说，采用雕塑的艺术手法更能凸显月球形成初期那撼天动地的浩然气势，以及浑然天成的质朴和粗粝。有了艺术的加持，相信观众们会对“襁褓”时期的月球印象深刻。

## 九、智慧体验——超时空无边界博物馆

自 2007 年智慧博物馆的概念被提出后，博物馆人就迫切地希望能为观众打造一种智慧化的体验模式。近年来，博物馆正势不可挡地进入全新的智慧时代。以世界顶级为建设目标的上海天文馆，在建设初期就将智慧场馆系统的构建列为重点项目。

在上海天文馆规划阶段的 2015 年左右，智慧博物馆尚处于起步探索阶段，很多博物馆的智慧化建设容易走入“技术导向”的误区，即往往着眼于如何将更多的信息技术应用到博物馆中，而忽视了人（公众和博物馆管理人员）对智慧博物馆的需求。由于缺乏功能需求的指引，这类博物馆的智慧化发展往往是技术的简单应用和叠加，改变的仅仅是博物馆内容的呈现方式和信息传输方式，并没有本质地超越

由“物”（展品、藏品）到“人”（观众）的单向线性传播模式，缺乏在智慧层面上全面、深度的交互和体验。博物馆的管理者也无法获知观众的情感反馈和认知反馈，观众、展品、博物馆三者没有建立起有效的关联，信息数据也就无法为博物馆的决策和提升做出贡献。

因此，我们从上海天文馆智慧场馆建设的全局出发，明确了“需求引导、总体规划、分步实施、项目落地”的总体工作策略，具体而言就是先进行深入调研，明确需求，然后确定建设目标和主要架构，规划出具体的实施路径，最后通过具体的项目将建设目标一一落地。

### （一）以需求为导向开展深入调研

结合上海市科委资助的“上海天文馆关键技术预研”课题项目，项目团队首先开展了深入的前置研究。

研究从一开始就分为两个课题小组同时开展调研。“观众体验设计”小组在上海交通大学戴力农老师团队、同济大学和社会力量的共同参与下，运用服务体验和设计调研的相关理论和方法，深入研究了不同观众对于未来天文馆的参观需求和体验需求。“智慧天文馆”小组则由中国科学院上海高等研究院杨晓飞老师团队牵头，着重对国内外已有智慧场馆的现状分析、智慧场馆技术在观众服务和内部管理方面的应用情况、未来发展趋势等展开研究。两个小组同步展开调查、研究和分析，最后再融合两组研究的成果，形成通过智慧手段来实现提升观众体验和管理效率的策略和方法，为之后的项目落地奠定基础。

由于篇幅限制，本小节主要基于针对外部（观众）需求的调研过程和结论展开分析。调研主要通过问卷调查、深度访谈、国内外场馆调研和案例分析等多种方式结合，从以下三个方面展开。

### 1.研究观众对天文学和天文馆的认知

我们发现普通观众对天文学和天文馆都缺乏了解，究其原因：

第一，天文学和公众生活关联度较低。天文学的基础研究往往都聚焦于远离人们日常生活的遥远天体运行规律，也超过了人们能够理解的时间和空间尺度。天文学的应用通常在国防、量子物理、通信等科技领域，和人们的日常生活、工作交集不多，所以公众普遍会认为天文学和自己没有关系，了解和学习天文学没有意义和实用价值。

第二，在全民教育体系中缺乏天文学相关内容。学习天文学知识需要有一定的数学、物理学基础，因此常规的中小学教育体系仅涉及很小一部分最基础的天文学内容。很多成年人在青少年时期完全没有接触天文学知识的机会，工作后也缺乏了解天文学知识的渠道，大部分人对天文的了解仅限于太阳系和星座，众多的专业词汇和深奥原理成为大众理解天文学的障碍。

第三，观众缺乏接触天文观测的机会。不同的人因为不同的原因而对天文产生兴趣。根据我们对很多天文爱好者的了解，绝大部分人是因为某种机缘参与了一次天文观测，从而爱上了天文。因此，天文观测对于启发公众对天文的兴趣是一种非常重要而有效的手段，天文科普场馆应该尽量创造条件帮助更多的公众接触和参与天文观测。

第四，天文科普场馆极为稀缺。我国仅有几座天文科普场馆，综合性天文馆仅有北京天文馆，长三角地区没有专门的天文科普场馆。天文馆的稀缺使大众普遍不知道、不了解天文馆是什么，天文馆里有什么，大家能从天文馆获得什么。当我们希望他们提出对未来天文馆的期待时，往往也很难获得具体的想法和建议。

### 2.研究不同时空维度下的参观需求

根据博物馆参观旅程的一般规律，我们分析了观众在参观天文馆的前、中、后所有的行为环节，研究他们与天文馆之间的接触点及具体需求（图 3-129），以便在未来针对性地进行策略布局。

### 3.区分不同观众群体的参观需求

根据调研，我们根据参观动机将未来上海天文馆的观众分成了几个代表性群体（图 3-130）。

不同的观众群体有着不同的参观目的，也有不同的体验需求。博物馆应该针对不同的观众需求尽可能提供多种选项，让观众自己按需选择。比如："带娃一家"会注重丰富的教育活动和完善便利的服务设施；"小伙伴"则将逛博物馆当作一种社交行为，希望能有更多"打卡晒圈"的场景，更多互动协作和情感交流的机会，并希望有社交平台的接入；"独行侠"希望能够便捷地了解场馆信息，比如地理位置、交通方式、特色项目推荐等，以便快速而高效地达成明确的参观目标；"团队"观众则需要完善的预约、售检票、导览和讲解服务，并需要考虑集合地、团体就餐等场所。

深入的观众调研对未来上海天文馆在建筑空间、公共服务设施、智慧场馆建设、展览教育活动设置、观众服务策略等方面均提出了更为明确的需求，需要在建筑设计、室内设计、公众服务设施、展示教育服务、观众导览服务、智慧天文馆等不同领域的具体项目中实施落地。

## （二）确定"无边界博物馆"的建设目标

根据对观众需求的全面分析，我们认为在互联网时代，要建立起博物馆观众的智慧体验，就必须改变传统的观众参观行为模式，使每一位观众与博物馆

体验旅程图 _ 儿童家庭线

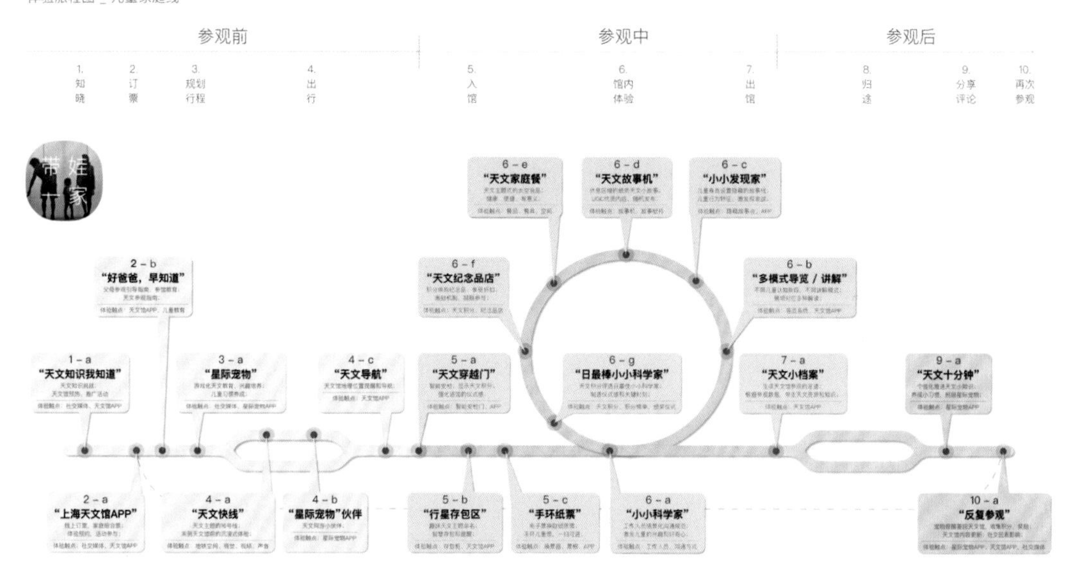

**带娃一家**

家庭群体

**小伙伴**

针对年轻人，初高中生或大学生

**独行侠**

通常是20—30岁的年轻人，喜欢独来独往

**团队**

中小学生团队，或游学旅行团

图3-129　参观（前、中、后）旅程分析（以儿童家庭为例）（上）
图3-130　代表性观众群体（下）

空间、博物馆展览之间不再是相对独立地完成交互，而是更强调建立起社群的概念，促进观众与观众之间的多维交互。同时，天文馆作为一个公共机构，应该能够包容不同群体，在理念上要智慧化，在服务上要人性化，在技术上要智能化，根据不同群体的需求和痛点，灵活整合多种手段满足多元化的需求，提供高品质、个性化的服务和体验。

为此，我们提出"无边界博物馆"的建设目标，希望通过用户体验设计使未来的天文馆观众通过交互体验紧密相连，并通过线上线下结合，超越时间、空间和情感的制约，建立起没有边界的博物馆，从 everyone 到 everywhere，再到 everytime，全方位地改变博物馆体验。让观众可以体验多重空间，享受全旅程服务，并建立起人与人、人与场馆之间的联系，让天文馆在社交网络中激发起"天文话题"和"天文热度"，成为人们认识宇宙、爱上天文的起点。

## （三）通过项目把智慧体验落到实处

在通过观众调研所明确的需求和依据建设目标所提出的方向基础上，我们进一步确定了实施路径并分解到具体的项目中，包括网博系统和中控系统等，通过这些项目的分部分项实施落地，整体串联起观众在参观前、中、后的全流程智慧体验。

### 1.上海天文馆网博系统

上海天文馆网博系统是利用最新数字技术打造的博物馆线上平台，它融合了网站、公众号、小程序、物联网、虚拟现实等多种媒介形式，组成一张集线上线下于一体的智慧网络，覆盖观众参观前、中、后全流程，通过丰富的展示、教育、导览、交流、服务功能，为观众带来多感知的科技体验与探索，构建上海天文馆所独有的现代化数字服务体系。通过智慧化理念与数字科技的加持，给观众提供一个国际化、现代化、令人耳目一新的网上天文馆体验。

上海天文馆网博系统兼顾天文馆现场展厅、网络平台、移动端三大用户渠道，主要由上海天文馆网站、“智游天文馆”微信小程序、天文在线教育资源、智慧导览、外接系统等共同组成。

（1）上海天文馆网站

上海天文馆网站是具有天文专业性与国际化水准的博物馆官方网站，设有“参观”“展览”“探索”“星友圈”“文创”等5个一级栏目和30多个二、三级栏目，涵盖天文馆场馆概况、新闻公告、观众服务、参观计划、常设展览、临时展览、特色展区、藏品、虚拟展厅、天文热点、公众观测、公众科学、课程活动、慕课、星友圈、文创商店、个人中心等完整在线展示及服务功能，能够为各个层面的观众提供全方位的服务。

其中，虚拟展厅使用全景虚拟技术全方位展示上海天文馆的“家园”、“宇宙”、“征程”、“中华问天”、“好奇星球”、“航向火星”、羲和太阳塔、望舒天文台、公共区域等九大区域。为了得到更加精细、逼真的效果，我们在展厅里设置了更多的点位，在每个点位上，使用6400万像素相机进行360度全景拍摄，拼接生成像素高达2亿多的照片，精细度达到了普通环拍场景的3倍以上。用户在浏览的时候能够对照片进行5倍放大，看到展馆的原貌实景，超越时间和空间的限制，随时随地都能高清访问上海天文馆。如果观众有VR眼镜，还能获得更好的沉浸感和交互性！

（2）“智游天文馆”微信小程序

“智游天文馆”微信小程序是上海天文馆原创开发的一款智慧场馆导览与互动体验软件，以微信公众号、微信小程序等通用的移动端渠道为观众提供一站式移动服务，包含购票、展览资讯、活动预约、路线打卡、线上展览、天象预告、酷跑游戏等快捷实用的移动服务。

以语音导览为例，只要观众的手机能上网，并且打开蓝牙，就能在场馆内智能定位。同时，小程序自动把观众身边的展项的文字和语音简介推送到顶端，观众可以自由点击收看或收听，享受“专属1对1全程讲解”服务。天文馆内铺设覆盖无线AP和蓝牙信标，通过精准室内定位引擎实现展厅的实时定位服务，支撑场馆内各项智慧服务功能，如导览地图、趣味打卡等，全面提升上海天文馆的智慧化参观体验。

“智游天文馆”小程序还为现场观众提供了一站式、交互式的参观助手服务，现场观众打开微信小程序即可通过个人用户二维码、人脸识别等一系列智慧参观功能实现足迹生成和展品打卡。参观前，它是一个心思细腻的智能百事通，推送展览信息，引导交通停车，协助便捷预约场馆门票和服务，也可以根据展馆内丰富的活动内容一站式定制参观行程，安排充实的一天。参观时，它是一个妙趣横生的“百晓生”，通过观众的手机提供导览讲解、路线指引、展项互动、趣味打卡等一系列随身服务。而进入趣味打卡模式后，它更是给参观者提供了全新的探索观展模式，观众需要根据信息提示寻找展项进行互动，生成纪念照片及个人足迹，完成打卡任务，不知不觉中就完成了天文馆推荐的精品路线。参观后，它还能带观众回味参观过程中留下的精彩瞬间和美好回忆，助力在朋友圈和社交群的发布求赞。个人用户二维码配上天文馆内的打卡机和故事机，还可以生成带有个人头像的定制版电子明信片和天文故事卡片，让观众留作纪念。

（3）天文在线教育资源

上海天文馆网博系统除了提供丰富的观众体验外，还从专业化角度打造天文在线教育品牌，提供海量的在线教育资源，包括“天象”“天文热点”“藏品”“慕课”“公众科学”“星友圈”等功能，搭建更为开放的交流平台和共创空间，为天文爱好者提供专业化、体系化的知识服务。比如，星友圈是天文馆官网开放的线上社交社区，旨在促进天文爱好者和天文馆观众的交流，展示天文爱好者的优秀摄影作品，同时为公众提供一个欣赏天文美图、分享参观体验和摄影技巧的线上爱好者社区。

（4）智慧导览

智慧导览充分利用“互联网＋”思维模式，以满足观众服务需求为宗旨，支持多终端运行，通过遍布馆内的蓝牙信标设备和无线网络设备，将室内定位、实时寻路、移动互联等多种技术融合与创新，建立起全方位的智能导览和服务平台，合理平衡参观过程中场馆的引导推送服务和观众的主体能动意识，更好地提升参观体验。

（5）外接系统

上海天文馆网博系统还通过规范化的数据接口技术标准高效集成各应用系统，对上与上海科技馆主馆的用户系统、科普资源池、票务系统等进行对接，对下与天文馆展区内的打卡机、故事机、一米望远镜等展项系统进行交互集成，构建了全方位、全流程的智慧博物馆线上平台，全面提升了观众参观体验，是打造国际化、现代化、智慧化天文馆重要的核心基础。

### 2.中控系统助力展项联动管理和观众服务研究

一个强大的中控系统不仅能够提升管理效能，也可以带给观众更好的体验。中控系统可以实现多个展项的智能化联动管理，实现更好的表演效果和观众体验。比如，“家园”展区中的“地球变迁”光影秀同“宇宙”展区中的“假如……”剧场同处于一个挑高空间中，而且两个项目在表演时，对周边的灯光、声音、图像等均有具体的特殊要求。在“地球变迁”表演时，整体环境照度需要适当降低，相关展项的发光模式也要联动自动调整；而在“假如……”剧场的机械门缓缓打开时，一定要正好能看到“地球”背面的万家灯火；等等。中控系统可以将所有的项目都纳入整体控制中，根据时间轴和脚本的设定实现智能联动。该系统作为一个开放系统，未来还可以根据需要添加更多的互动元素到剧本中，也可以根据主题定制脚本演示功能。

中控系统也可以有效采集观众的行为数据。基于对底层协议统一的要求，我们的中控系统可以通过所有的媒体类展项所安装的智能感应设备收集观众的互动行为数据。比如，每个项目被使用的频次、互动参与时间、每个页面的点击率和停留时间等。结合观众账号的登录和绑定，还可以针对每一个观众进行个性化分析。经过一定时间的积累，我们就可以了解哪些项目最受观众欢迎，哪些项目从来无人问津，特定观众的个人偏好，等等，从而进一步帮助我们更好地改进优化展项、提升观众体验。

综上所述，上海天文馆的智慧场馆系统有其自身的特色，它既不像传统博物馆那样以藏品展示为中心，也不像数字博物馆那样以数字资源建设与展示利用为核心，而是注重以需求为驱动，强调“物”与“物”、“人”与“物”，以及“人”与“人”的信息交互，提供物、人、数据三者之间的双向多元信息交互通道，实现以人为中心的信息传递和智能化的信息处理与分析，最终实现博物馆服务和管理的智能化自适应控制与优化。在此基础上，它充分利用物联网、云计算、大数据、移动应用等技术手段，构建出以全面透彻的感知、宽带泛在的互联、智能融合的应用、个性定制化的服务为特征的智慧博物馆新形态。

# 连接人和宇宙

Connecting People to the Universe

# 观展

我们都是星辰

从一个科普场馆的建设完成到正式开馆，中间还有一个系统复杂、工作繁重的筹备过程。早在 2020 年，上海科技馆就成立了由馆主要领导牵头的上海天文馆开馆筹备领导小组，并下设多个工作小组分头开展工作，相关工作既包括和工程相关的政府审批、系统联调、验收移交、操作培训，也涉及内外部管理服务的各类制度、设施、物资和人员的准备，还需要提前部署教育活动、宣传、文创、票务合作等各类事项。

上海天文馆自 2021 年 7 月 18 日开馆以来，已平稳运行两年多，即使在新冠疫情影响下也累计接待了 255 万观众（统计截至 2024 年 6 月 30 日），获得了社会各界的广泛赞誉，成为“一票难求”的“网红”场馆。回想当时从场馆建设收尾到观众压力测试，从试运行阶段到目前平稳运行，从迎战台风到打击黄牛，开馆筹备工作组和天文馆运行管理部门都付出了艰辛的努力。本章针对上海天文馆开馆筹备及运行开放两年多来在宣传推广、社会反响、教育活动、特色文创开发等方面的情况做简要介绍，这从另一个侧面来看也是对建馆成果的检验。

# 一、宣传推广

作为全球建筑规模最大的天文馆，上海天文馆计划于 2021 年 7 月正式开馆。作为天文馆开馆筹备小组的成员，上海科技馆宣传部门在 2021 年初就将这项工作列为全年的重点工作。周全的宣传计划、全媒体的宣传矩阵、高质量的采访报道，助力上海天文馆更好地获得社会关注，成为讲好中国故事、提升上海城市软实力的一张“新名片”。鉴于出色的表现，“上海天文馆开馆国际传播”工作还荣获了上海市第十六届（2021 年度）“银鸽奖”优胜奖。

## （一）宣传计划

上海天文馆总体宣传指导思想是全面、深入、生动地传播场馆亮点与特色，为开馆营造热烈气氛，掀起天文科普热潮。同时，也为天文馆压力测试、开馆仪式、运行开放保驾护航，引导公众有序参观，为各类展览和教育活动扩大影响，传播天文馆理念和使命，打造天文馆品牌形象，推动“三馆合一”整体形象塑造。

在上海天文馆建设期间，宣传团队就围绕开工仪式、国际天文馆日特别活动、大悬挑卸载、灯光联动调试、综合竣工验收等建设关键节点做好宣传报道，为天文馆的正式开馆进行预热，营造持续曝光量和关注度。在天文馆开馆筹备组成立后，宣传团队制定了详细的《上海天文馆开馆宣传工作方案》，按照准备阶段、媒体探营、压力测试、预告阶段、开馆开放等多个时间节点，分文稿起草、媒体接待、影像拍摄、舆情处置四大板块完成方案实施。

## （二）实施情况

### 1.周到组织、贴心服务，提供媒体创作“大后方”

宣传部门协同指挥部，按照建筑、展示、教育、藏品、文创、运行规则、参观指南等内容条目整理新闻素材，在媒体探营活动当天提供7000余字新闻素材稿，将视频、图片以云盘形式发送，翔实的新闻素材满足了媒体报道的需求，确保了报道内容的丰富和准确。同时，馆方还提前踩点规划路线，精心安排讲解专家，全力配合媒体采访，针对临港离市区较远的问题妥善安排了交通、就餐等，解决媒体记者的后顾之忧，成功保障了采访活动的顺利举行。

### 2.精准发力、分段实施，宣传布局有节奏有亮点

馆方深入分析媒体需求，回应媒体关注热点，精心设计活动主题，成功组织媒体集体采访活动。上海天文馆首场压力测试重点突出展示亮点，邀请30余家媒体、100余位记者参与现场报道，八档新闻直播同步上线。2021年7月17日上海天文馆开馆当天，重点突出开馆仪式、星空音乐会（图4-1、图4-2）、天文高端国际论坛三大活动。7月18日开放首日，宣传聚焦第一位观众及月壤、太阳塔等首次与观众见面的展品展项。开馆当月，在中共上海市委对外宣传办公室牵头组织下，接待30余位驻沪境外记者和中央、上海外宣媒体记者集体参观采访。开馆之后，宣传重点转移到场馆运行、购票调整、精彩展览、馆校合作等内容，通过自媒体和社会媒体进行有效传播。

图4-1　星空音乐会（1）（左）
图4-2　星空音乐会（2）（右）

## （三）传播效果

### 1.主流媒体：强势传播全面开花，舆论热潮此起彼伏

在中央媒体方面，新华社对上海天文馆展开全媒体报道，其中全国通稿《点亮“飞天梦”上海天文馆7月中旬开馆》播发12小时内，新华社客户端阅读量144万人次，中英文全媒体报道、文字图片报道分别由中国政府网双语转载。中央广播电视总台通过大屏新闻直播、广播连线、新媒体互动等多种形式开展报道，2021年7月17日晚，央视一套《新闻联播》播出《上海天文馆开馆　明起对公众开放》，央视新闻频道、财经频道、少儿频道，中国国际电视台CGTN、中央人民广播电台等多平

台均有相关内容播发。《人民日报》客户端刊发《大江东丨与天对话，与日同行，上海天文馆先睹为快》，视频图文多形式呈现场馆魅力；7月20日，《人民日报》以图片新闻的方式报道了《上海天文馆向公众开放》。

在上海媒体方面，“上海发布”第一时间发布快讯《上海天文馆7月17日开馆，7月18日起对公众开放》，阅读量超过50万人次，后续对票价、开馆信息、月壤入驻、开票时间等服务内容也进行了及时发布。东方卫视黄金时段新闻报道时长达到5分半，上海广播电视台、东方卫视各档新闻及看看新闻新媒体直播均有播发。《解放日报》《文汇报》《新民晚报》《上海日报》《新闻晨报》等沪上主流媒体均在头版显著位置刊发天文馆相关图文报道，《解放日报》《新民晚报》《青年报》等媒体以极具视觉冲击力的画刊形式整版报道上海天文馆的美景美展。

在港澳台媒体方面，大公文汇传媒平台通过图文及视频形式传播，向众多香港市民展现了内地天文科普事业发展；中国新闻社稿件《全球最大天文馆亮相 游客可体验“月球漫步”“空间站生活”》获台湾《联合报》等采用。

### 2.新媒体：实时、高效、互动，热搜荣登全城第一

在新媒体直播方面，2021年7月5日媒体探营当天共有新华社、中央电视台、上海广播电视台、上海人民广播电台、中国新闻社、澎湃新闻、广东广播电视台七家媒体开展八档新闻直播，其中新华社进行了中英双语两档直播。7月9日压力测试期间，上海广播电视台国际部开展双语直播《跟随设计者探秘上海天文馆》，介绍了天文馆部分精彩展品、鲜少曝光的“好奇星球”儿童展区，以及天文馆从设计到建成过程中不为人知的故事。7月17日开馆当天，央视新闻、看看新闻、澎湃新闻等媒体对星空音乐会、天文高端国际论坛进行了全程直播。7月18日开放首日，央视新闻、澎湃新闻、新京报＆腾讯新闻“我们”视频、都市快报“橙柿互动”进行了视频直播。各大媒体通过实时、高效、互动的直

播方式，与广大网友充分互动，碰撞出热烈火花。

在社交媒体方面，开馆当月，在 B 站共可以搜索到 245 条关于上海天文馆的视频内容，播放量排名前三的视频为《上海天文馆傅科摆全部倒地瞬间，全场欢呼》（29.2 万人次），《上海天文馆璀璨开幕》（12.2 万人次），《没想到上海天文馆竟然这么好哭！》（10.5 万人次）。7 月 5 日，上海天文馆相关短视频内容在抖音平台以 642.6 万人次的热度荣登同城榜第一名。7 月 17 日，微博话题“上海天文馆对公众开放”以热度 12184 荣登热搜同城榜第一名。

在自媒体方面，上海天文馆微信公众号自 7 月 5 日正式上线，18 天内粉丝冲破 50 万人次。《上海天文馆揭开神秘面纱 7 月 18 日向公众开放》等多篇推文阅读量高达“10 万＋”。宣传部门联动科技馆三馆微信推文编辑，利用科技馆、自然博物馆、天文馆、科普先锋四个微信号和科技馆微博，对天文馆公告和资讯进行转发和扩散。

### 3.国际传播：全球最大、展示最新，全力讲好中国故事

海外主流媒体美国有线电视新闻网 CNN 刊发报道展现了上海天文馆建筑之美，介绍了圆洞天窗、球幕影院、倒转穹顶“三体”建筑特点。美国合众国际社 UPI、亚美尼亚新闻网 NEWS.am 等海外媒体都预告了上海天文馆开馆消息。法国新闻社对上海天文馆也进行了整体报道，介绍了建筑规模、陨石藏品、展示技术等内容。《国家地理》报道了“全球最美博物馆”，上海天文馆以首图形式出现。

新华社对上海天文馆媒体探营开展多语种报道，中英版直播在新华社客户端、新华网、百度等渠道全面展示。新华社滚动报道开馆新闻，12 小时内累计 30 多家媒体采用，多家境外主流媒体转载，还有西班牙语、葡萄牙语、阿拉伯语、土耳其语、俄语等十余个语种报道播发。

中国国际电视台 CGTN 探访上海天文馆，通过记者出镜介绍了“家园”“宇宙”“征程”三大主展区，体验多个互动场景，向全球观众介绍上海天文馆的独特设计和精

彩体验，节目在CGTN电视端、Facebook、Twitter、YouTube等新媒体客户端等播出后，海外网友评价积极。上海广播电视台外语频道ICS对于上海天文馆的电视报道在抖音、快手、视频号等平台观看总数达14万人次，互动量超过1500人次，在上海外籍观众及海外观众中反响极佳。

《中国日报》（*China Daily*）关于上海天文馆的报道在Facebook收获点赞2000人次、分享130人次，开馆组图发布于网站首页轮播主图，7月6日报纸头版刊登媒体探营照片，4版刊登文字报道，7月26日刊发整版深度报道。《上海日报》（*Shanghai Daily*）在头版位置以主图形式报道天文馆精美展陈，网站、微信公众号、Facebook和Twitter上发布的公众开放新闻和天文馆内景的多张美图，不仅获得了本地外籍网友关注，也得到了海外网友的大量转发和点赞。

## 二、社会反响

位于临港的上海天文馆虽距离上海市中心近80公里，但自开馆以来，始终处于"一票难求"的状态。2023年暑假，上海天文馆更因抢票难而多次登上热搜。上海天文馆官方微信公众号是唯一的售票渠道，每天开放4500张线上门票，放票几秒钟就被抢空。为了应对观众需求，2023年暑期，馆方将线上退票额度转为线下售票额度。在客流高峰期，现场排队购票的观众数量众多，即使要等待2—3小时，也丝毫挡不住观众的热情。截至2024年6月30日，上海天文馆接待观众累计255万人次，球幕影院观影人数达60万人次。

## （一）观众眼中的上海天文馆

上海天文馆在距离上海市中心 1.5 小时车程的远郊地区，参观时间、交通成本相较位于市中心的场馆都会大幅度上升。如果说，开馆后半年内的超高人气是开馆效应，那么开馆两年多仍然居于高位的热度，则真实客观地反映了场馆的品质和吸引力，互联网时代的社群分享和网友评论也成为一个重要的口碑传播和推广渠道。

截至 2023 年 12 月，上海天文馆在大众点评上的评论达到 9200 多条，且评分稳定在 4.8 分，网友上传照片数量高达 7 万多张，并入选 2023 年上海必玩榜，被誉为全国最难预约的几大博物馆之一。随着小红书、抖音等自媒体的发展，各类“抢票攻略”“预约攻略”“打卡攻略”“拍照指南”等超级详细的保姆级攻略刷遍全网。短视频《上海天文馆傅科摆全部倒地瞬间，全场欢呼》更是获得了近 150 万人次的观看量。上海天文馆已然成为“网红”场馆，在移动、联通、电信三大运营商的后台，甚至都会特别为天文馆发出流量预警。

上海天文馆策划设计时的着力重点，如球幕影院、傅科摆、地球变迁、星际穿越、黑洞、中国空间站等，在最终开馆后无一不是观众热衷的“打卡胜地”。而细心的观众和网友还会自行发掘新的惊喜，比如“家园”展区通向“宇宙”展区的灯光导览标识“通向宇宙”，配合一旁星光熠熠的楼梯，似乎有了另一种意味，成为众多网友的留影点。“征程”展区出口墙面上的那段引自习近平总书记的“星空浩瀚无比，探索永无止境”[1]更是道出了很多人的心声，成为观众打卡的热门地点。也许有些时候，并不需要浓墨重彩的展项，短短几个字的点睛之笔，也能引发心灵的共鸣。

在此摘录部分大众点评、小红书等社交平台上的观众留言，或许能让我们了解观众眼中的上海天文馆：

国庆期间，上海天文馆一票难求，我非常幸运地抢到了门票，但电影票和进场后的参观票一个也没抢到，即便这样，整体观赏下来还是觉得很震撼。浩瀚宇宙，我们人类的探索永无止境，科学技术的不断推进持续拓展我们对宇宙的认知边界。在光与影、黑洞的展示区中，人站在屏幕前，屏幕上可以呈现沙粒人形，并随着人的摆动而摆动，但不久就会随着黑洞的吸引幻化而去，这也令人感悟，人在宇宙面前是多么渺小，多多珍惜当下吧。

——“梦想瞬涧”发布于大众点评（2023-10-30）

很棒，展示的内容从天文到地理、物理、化学、生物都涵盖了，工作人员既懂美又懂科学，对任何一门学科感兴趣的人，都能在展馆中找到点亮自己的殿堂。太多博物馆都偏人文，在历史的长河中详略陈述，而天文馆却另辟蹊径，时间只是记录世间变化的工具罢了，着重展示的是那令人惊叹却又深感自己渺小的寰宇。一圈下来，只恨自己腿酸行短，只恨学识浅薄。虽然交通不便，但会再去的，也推荐每一个不知自己所来何处、要往何去的灵魂去看看。

——“跌进牛角尖的小人儿”发布于大众点评（2023-10-07）

看得出这个场馆的设计师十分用心，布局、内容、光照、互动、流线等等都非常优秀。这里不仅是孩子们学习知识的天堂，也是大人们进一步认识宇宙的宝地。不管谁站在这里，都能感受到无尽宇宙的震撼和人类的渺小，真的是探索永无止境！

——“热爱精致生活的巨蟹座”发布于大众点评（2023-10-06）

上海天文馆不愧是上海展馆的顶流，工作日的下午依然人头攒动。科普如何能深入人心，天文馆已经给出了答案。首先场馆要大，足足三层（电影院除外）展示空间，似天体般环形分布，家园→宇宙→征程，脉络清晰。其次展品要丰富，无论是实物还是模型，让人目不暇接。最后高科技手段要多，有酷炫的光影，即使是网红拍照地也不过如此。PS：文创冰激凌真的很好吃。

——“卷不动兮躺不平”发布于大众点评（2023-09-22）

“宇宙辽阔，光阴漫长，能共享同一颗星球和同一段时光是我的荣幸。”约上了最难约的天文馆，以及馆内最难抢的展项“飞越银河系”和“光学天象厅”，18个名额里抢了3个，父母和小孩去了“飞越银河系”，说和迪士尼“飞越地平线”感受差不多，很棒！我自己约了“光学天象厅”，躺在懒人沙发抬头看片的感觉也很奇妙。拍了似乎没有人的绝佳打卡角度，看来做攻略的技术依旧过硬。家人们都沉浸式感受到宇宙的终极浪漫，感觉自己超棒！对了，最后要去二楼再买一个星球冰激凌和仙女星云冰激凌！上海天文馆绝对值得“二刷”。

——“JJJJoy又再找吃的”发布于大众点评（2023-07-10）

它的动线很像纽约的古根海姆，螺旋上升不走回头路，非常合理，并且按照“家园”“宇宙”“征程”一共分成三个展厅，从入口处巨大且静默的“地球”与“月球”，向炙热的“太阳”奔赴，渐渐又被传送到太阳系外，探索宇宙的涌去，在银河里漫步，直到最后一站，奏响人类探索宇宙的凯歌，尤其是走进中国太空舱模型的时候，真的感慨万千，更妙的是，逛了一圈后，出口竟然在入口的正上方，但视角已经从一开始的仰望星空变成了此刻的俯瞰地球，这种别具巧思的前后呼应，令人震撼到起鸡皮疙瘩。

——“Geo杰欧”发布于小红书

## （二）专家眼中的上海天文馆

上海天文馆凝聚了几代人的梦想和努力，在长达十年的策划建设过程中，全体建设者围绕建设国际顶级天文馆这一目标，聚力攻坚、同心干事，以工匠精神和创新精神成就了这样一项精品工程。天文馆从建设期间到开馆以后，仅国际奖项一类就先后获得 2019 年度“德国 iF 奖”（上海天文馆品牌视觉设计方案）、2022 年度“Chicago Athenaeum 国际建筑奖”、第 29 届 Thea“杰出成就奖”、2023 年美国建筑师协会（AIA）纽约州分会年度卓越建筑大奖等，彰显了上海天文馆在国际上的专业认可度和行业影响力。

前往上海天文馆进行考察、调研、交流的专家和同行也给予了高度肯定。2021 年 7 月 17 日开馆仪式时，上海天文台叶叔华院士、国家天文台台长常进院士、南京大学天文与空间科学学院方成院士及各大天文机构和高校天文学院的领导和专家 20 余人齐聚上海天文馆。他们在参观之后都赞不绝口，表示上海天文馆的建设始终是他们心目中中国天文界近十年最重要的项目。而现在建成的天文馆，无论是建筑创意还是展示效果，都远远超过了他们的期盼，也超过了他们在国外看到的天文馆的展示效果。上海天文馆完全可以自豪地跻身世界顶级天文馆的行列，甚至可以说正在引领新一代天文馆发展的方向。

2023 年 6 月 14 日，丹麦第谷·布拉赫天文馆馆长梅特·布罗克苏·蒂格森（Mette Broksø Thygesen）一行来访上海天文馆。他们表示在参观过程中就一直感到非常震撼。他们在国外时就看到有关报道，因此趁着来中国的机会专门赶过来，果然不虚此行。上海天文馆场景宏大，感官效果非常好，精彩展品数量众多，展览体系的编排逻辑也非常具有创意，完全颠覆了以往对天文馆展示方式的认识，他们非常喜欢，回去以后一定会向国际同行进行推荐。

2023 年 7 月 15 日，故宫博物院院长王旭东一行来访，参观后表示对上海天文馆的整体展览效果印象深刻，对于天文馆积极运用艺术手段和沉浸式体验来诠释深奥的科学原理表示非常赞赏。王院长曾担任敦煌研究院院长，深知故宫和敦煌都有很多天文元素，因此非常希望有机会促成故宫博物院、敦煌研究院和上海科技馆三强联合，共同组织一个能够深入挖掘故宫和敦煌中的天文和艺术之美的大型展览。

2023 年 9 月 3 日，瑞士洛桑联邦理工大学（EPFL）天文物理实验室主任让 - 保罗・克奈布（Jean-Paul Kneib）教授及瑞士领事馆文化处等一行来访。他们表示参观感受超出预期，没有想到中国的天文馆展览规模如此宏大，可以感受到设计师团队的强大和用心。展览的内容非常丰富，几乎涵盖了现代天文学的所有方面，同时还有精彩的天文历史展示，非常棒！同时，上海天文馆的艺术性非常强，不仅有众多专门制作的艺术品，而且几乎每个场景都非常美，展品也非常精致。克奈布教授强烈建议共同合作举办科学与艺术相结合的大型临展。

## 三、教育活动

从上海天文馆建设阶段，我们就同步开发了配套的教育活动，在开馆后也继续坚持分众设计的原则，推出面向不同观众的各种社教活动，并在现场活动、馆校合作、线上直播、微信推文、数字赋能等方面多向发力，让更多的受众能够共享高品质的天文科学教育资源。

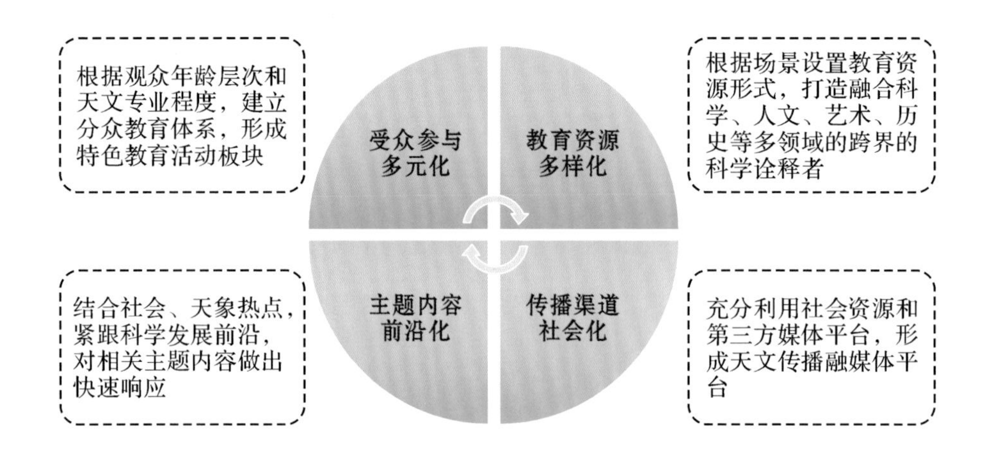


图4-3 上海天文馆展示教育目标

## （一）教育活动，形式多样

上海天文馆以“打开天文学大门，让大众领略天文的乐趣”为理念，建立覆盖全年龄段的分众教育体系，以如下四大目标（图 4-3）展开。

围绕展区活动、拓展课程、公众活动，推出了“明星导航”“飞越卡门线”“奇点飞船”“银河讲坛”“Yummy 星球”“爱因斯坦教室小剧场”“星空音乐会”“邂逅星空”等一系列特色品牌活动，以及“小伽利略课堂”、“天文馆慕课”（Cosmooc）、“科创第一课”等特色课程。馆方积极探索线上线下相结合的路径，构建多维度科普教育模式，加强天文科普传播力度。截至 2023 年 12 月，共实施 14993 场教育活动，服务线下观众 74.5 万人次，线上观众 742 万人次。以下是部分品牌教育互动和特色课程的简介。

## 1.明星导航

相较于其他学科，天文距离普通人的日常生活较为遥远，普通公众认为天文知识太深奥复杂，天文热点时事“不明觉厉”。为了让更多公众了解天文知识，培养公众对天文的兴趣，上海天文馆特打造“明星导航”品牌活动。活动将结合临展、常设展项与热点话题，邀请相关领域专家，依托天文馆展示项目在展区内进行深度讲解，并辅以讲座、课程等活动，深度剖析展项相关知识点。同时，活动也会开展线上直播和互动，让更多公众有机会“云逛展”。

## 2.飞越卡门线

很多人小时候都曾有一个飞天梦，如今这个梦想不再只存在于天马行空的幻想之中，而是在中国航天事业发展的脚步中逐渐成为现实。在距离地面海拔 100 千米的地球上空，有一道划分航空与航天的分界线——卡门线。越来越多的探测器和飞船越过这条太空边界线，在太空中开启了自己的旅程。为了向全年龄段观众科普太空探索征途中的未知精彩，上海天文馆策划了“飞越卡门线”品牌活动，活动基于角色扮演和深度讲解，沉浸式演绎中国航天的最新征程，以及人类步入太空时代后史诗般的足迹，使观众了解我国航天工程探索的艰辛不易和取得的巨大成就。

## 3.奇点飞船

宇宙诞生于奇点，奇点也是起点。面对眼花缭乱的展项，观众或许有些不知所措；关于展品背后的故事，观众或许想了解更多。该活动基于天文馆展品展项，通过问题引导、道具演示、深度讲解等形式，带领大家深入了解每一个展品展项的科学内涵，挖掘其背后更多的隐秘信息。

### 4.小伽利略课堂

我们为青少年儿童专门打造了一系列天文探究类课程。在这里，大家在科学老师的引领下，通过模拟演示、手工制作、科学实验、问题探究、项目实践、情景体验等形式，由浅入深探索天文学这座宝库。让我们像 400 年前的伽利略那样，以好奇心为钥匙，打开宇宙奥秘的大门。

### 5.天文馆慕课

线下课程预约名额太少，天文馆太远？别急，我们特意推出了线上课程——慕课。只要登录天文馆网站就可以直接进行学习，学习的时间和地点全由观众做主。慕课内容丰富，聚焦某一天文主题，从现象、科学史、科学原理等多角度进行剖析；课程形式多样，既有通俗趣味的真人讲解，又有动画、特效、素材剪辑加持；课程体系完备，视频带领学习，配套课件辅助理解，课后习题评估学习情况，另设互动区答疑解惑。截至 2023 年 12 月 31 日，首批五门课程（2022 年 3 月 30 日上线）用户点击学习量超过 11000 人次。

### 6.邂逅星空

400 年前，伽利略第一次用望远镜指向夜空，从此改变了人类的视野和对世界的认知。“邂逅星空”活动为公众创造第一次通过望远镜观星的体验。在天气晴朗的夜晚，公众将有机会使用望舒天文台的一米望远镜和中小型望远镜，亲眼观察月面、行星、星云、星团等天体目标，并在“星空导游”的引导下，借助指星笔辨识星座，甚至尝试用手机拍星。在日食、月食、流星雨、彗星等特殊天象出现时，公众还有机会以目视或直播的方式参与观测记录。

## （二）馆校合作，惠及全民

上海天文馆与上海中学东校、复旦附中、格致中学、明珠临港小学等几十所中小学校开启馆校合作共建项目，将在三年内围绕“开发一批博物馆课程、培训一批科技创新教师、培养一群创新型学生”三方面开展广泛深入的合作。

作为馆校合作子项目之一，上海天文馆也在开馆两周年之际正式启动“青少年科学诠释者”招募活动，得到了广大青少年的积极响应和报名。入选活动的青少年们将在天文馆科学老师的指导下开展课题研究，学习研究方法，以多种形式进行诠释展示，成为一名天文科学诠释者。

上海天文馆还积极探索打造“双减”政策下的科普场馆与学校教育资源共享平台，依托天文特色和丰富的展览教育资源，大力推动科技、文化与素质教育的有机融合，全面促进青少年科学、文化素养和创新能力的提升，助力“双减”落实落地。

## （三）网络直播，精彩纷呈

截至 2023 年 12 月底，上海天文馆官方网站总访问量达 1611 万人次。上海天文馆持续关注天文、航天领域的最新科技进展，通过多场热点追踪直播为观众搭建了解前沿天文知识的桥梁。

结合黑洞照片发布、中国空间站建设、流星雨等天文与航天时事热点，上海天文馆还联合各大媒体推出“圆梦空间站　神舟再凯旋”“航天点亮梦想”“寻找失去的星空”“天文馆背后的故事”“直击银河系中心”等特别活动，为公众深入解读，实现零距离“云端”科普。

通过微信视频号、B 站等进行的 20 小时不间断的“流星雨慢直播”收获了全网近200万人次在线收看。上海天文馆在开馆一周年之际，推出“‘宇’你有约”开馆一周年特别直播活动，12小时不间断地全景呈现上海天文馆的精彩展演，全网直播观看达620万人次。“赏月”上海天文馆中秋特别直播活动跨界赏月话中秋，分享月亮文化和赏月故事，新华网、看看新闻、《上海晨报》等多家媒体进行转播，全网收看超150万人次。截至2023年12月底，共计直播201场，发布视频196条，全网观众达2842万人次。

新冠疫情防控期间，上海天文馆也积极回应社会需求，参与“科普进家庭，科普进方舱”活动，通过“云直播”“云课堂”等方式，为疫情防控期间的上海市民送上一份科普大餐。

### （四）微信推文，干货满满

上海天文馆公众号持续发布科普文章、活动预告，并推出“二十四节气”“十二星座”“天文成就”“每月重点天象”“中国载人航天”等多个系列推文，从天文知识到传统文化，遨游知识的海洋。其中，科普文章《就在刚刚，发布了！》带领观众读取人类首张银河系中心黑洞照片，阅读量达到18.7万人次，“上海发布”头条转发更收获60.8万人次阅读量。

截至2023年12月底，上海天文馆微信公众号粉丝量297万人，推送文章1126篇，总阅读量1598.1万人次，其中科普文章444条，占比达39.4%。发布视频196条，浏览量328.9万次。

### （五）数字赋能，云上逛展

为让更多公众以线上方式参观天文馆，我们上线了 720 度高清虚拟展厅，其中虚拟场景达 210 个，并融合网站、公众号、小程序、物联网等多媒介形式打造智慧网络，包含定位导览、活动预约、语音讲解、在线慕课学习、观众服务等多样化功能，为社会公众提供全方位交互式体验。

同时，上海天文馆持续以信息化、数字化驱动建设发展，依托“临港新片区数字孪生城”建设契机，正式上线“上海天文馆数字孪生平行世界”，通过全面赋能科普展陈、观众服务、场馆治理，打造全国首个天文科普元宇宙示范案例，为观众开启元宇宙与星辰大海探索征程。通过巧妙延伸虚拟空间和拓展知识空间，打造具有天文馆特色的科普教育孪生场景，激发人们对未知世界的无限畅想，让观众直观了解场馆实时运行态势，优化服务流程，进一步提升观众满意度。

## 四、特色文创开发

随着博物馆热潮的兴起，基于博物馆主题和展品特色的博物馆文创也越来越受到观众的追捧，成为又一道亮丽的风景线。截至 2023 年 12 月，上海天文馆已累计推出文创产品 120 余款，并力求将科普教育融入文创开发，不断研发新品、打造爆款。以下是目前已开发的几款特色文创。

### （一）上海天文馆×连咖啡

“连接人与宇宙”星球咖啡礼盒由上海天文馆与连咖啡联名出品，作为开馆献礼，包含天文馆联名款鲜萃意式浓缩咖啡 12 盒、定制星球咖啡杯、定制杯垫。设计上融合天文馆视觉元素，套装内的五张天文科普卡片，分别介绍了馆内所展示的五颗星球和馆藏陨石，既时尚又有科普意义，获第十六届“老凤祥”杯上海旅游商品设计大赛“最具商业价值奖”。

### （二）馆藏天文星图系列

产品设计灵感源自上海天文馆收藏的《和谐大宇宙》星图图集，由荷兰著名地图学家塞拉里乌斯于 1660 年编著出版。系列产品包括丝巾眼罩套装、茶具套装（图 4-4）、记事本系列等，在色彩上凸显古典唯美人文的复合美感，让经典馆藏走进现代生活。

### （三）数字藏品

2022 年 6 月，蚂蚁集团旗下的“鲸探”平台发布了上海天文馆首批两款数字藏品“璀璨橄榄陨铁·伊米拉克陨石”和“世界最早的天文钟·宋代水运仪象台”（图 4-5），产品一经发售，一分钟内售罄，深受广大观众与天文爱好者的喜爱。

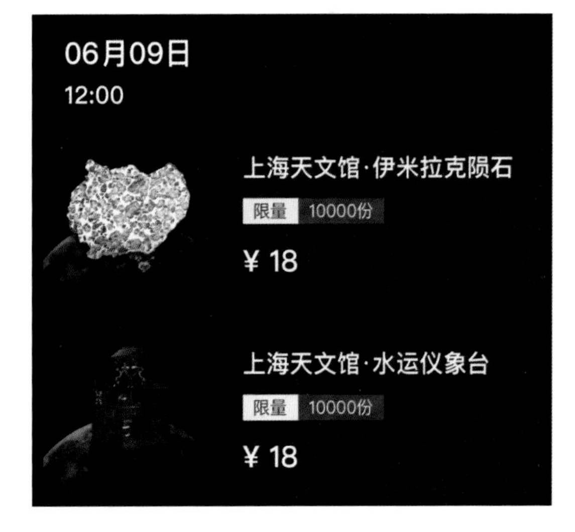


图4-4 上海天文馆文创茶具套装（上）
图4-5 上海天文馆数字藏品——伊米拉克陨石和水运仪象台（下）

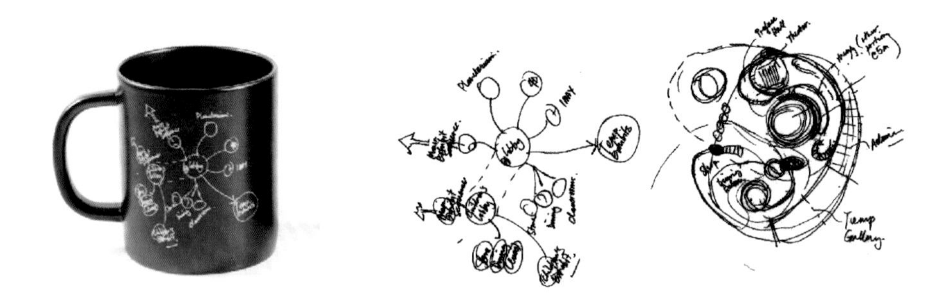

图4-6　上海天文馆建筑设计手稿马克杯（左）
图4-7　上海天文馆设计手稿图案（右）

### （四）建筑系列

上海天文馆是上海文化新地标，其建筑主体获评“2021 上海旅游节·上海最受关注二十大优秀建筑”。建筑手稿马克杯特色文创将主设计师托马斯·黄最初设计灵感手稿从浩如烟海的建筑草图中提取出来，以烫金花纹印制于定制骨瓷杯之上（图 4-6、图 4-7）。另有天文馆建筑模型沙漏、丝巾等多种品类文创产品，以不同手法演绎天文馆建筑特色。

### （五）联名活动

随着上海天文馆品牌热度的不断升温，越来越多的品牌希望与我们联名举办活动，如闪耀暖暖和上海天文馆联名发布慕课“黑洞肖像”，课程带观众了解黑洞的前世今生，描绘黑洞肖像，顺利完成课程后还可获得“上海天文馆 × 闪耀暖暖”联名纪念版结业证书；滴水湖洲际酒店与上海天文馆联合推出天文主题客房，打造银河系、太阳系、月球三款沉浸式主题客房，为“好奇宝宝”们带来了与宇宙亲密接触的机会，深受观众喜爱。

## 注 释

〔1〕在航天事业发展征程上勇攀高峰 努力建设航天强国和世界科技强国. 人民日报. 2016-12-21（1）.

# 连接人和宇宙

Connecting People to the Universe

# 结语

## 星空浩瀚无比 探索永无止境

上海天文馆建成开放已有两年多时间，这期间得到了行业各界和社会公众的诸多赞誉和高度肯定，作为策展团队和工程建设者，我们在深感自豪和欣慰的同时，也在思考我们为何会取得成功？是否还有遗憾和不足？未来又该如何优化并保持这个场馆的持久活力？

上海科技馆时任党委书记、上海天文馆工程建设领导组组长王莲华曾经多次用四个“不一般”来概括上海天文馆项目的特点：“不一般的建设背景、不一般的工程选址、不一般的建设目标、不一般的建设历程。”这四个“不一般”同样也体现了天文馆项目成功的四方面因素。

不一般的建设背景：这个伟大的时代给了我们前所未有的发展机遇，建设上海天文馆的夙愿能够梦圆2021年，缘起于科学家们几十年的不懈推动和呼吁，但真正能够实现立项和落地实施，离不开人类科技尤其是天文学和航天科技在近十年来的迅猛发展，离不开中国改革开放以来的高速发展和综合国力的提升，离不开中国式现代化对科技创新和科普教育的高度重视，也离不开上海市政府结合区域发展对重大科技文旅项目的超前部署。上海天文馆的立项和建设恰逢其时。

不一般的工程选址：临港，位于东海之滨，是上海最新成陆的热点地区。在上海天文馆立项选址之际，临港虽然还不是今天的自贸区新片区，但已然是上海乃至全国改革开放的前沿阵地。今天的中国（上海）自由贸易试验区临港新片区，是中国深度融入经济全球化的重要载体，代表了勇立潮头的时代精神。

上海天文馆和临港镌刻着同样的创新基因，跳动着同样的发展脉搏，也肩负着引领时代的共同使命。离市区 70 多公里远的临港这一地理位置，对上海天文馆观众服务和管理运行提出了挑战，但也意味着巨大的发展空间，不一般的选址也将带来不一般的机遇。

不一般的建设目标：立项之际，上海市领导就对我们提出了“建设国际顶级天文馆”的建设目标，虽然我们有着科技馆、自然博物馆两馆建设的成功经验，并在国内外行业内具有很高的声誉，但要建设一个达到国际顶级水准的天文馆却是前所未有的艰巨挑战。这个看似遥不可及的目标激发了大家的斗志，成为每个人在困难时咬牙坚持的动力，也是建设过程中每项工作的参照标准，精益求精、追求卓越，成为所有天文馆参建团队的共同目标。自建成以来，上海天文馆在国际上获得诸多奖项，这些来自国际同行的高度评价是对我们工作成果的肯定，也是对市领导提出的建设目标的最好答卷。

不一般的建设历程：上海天文馆的建设历经十年，和任何具有创新性的大型项目一样，建设过程并非一帆风顺。犹记得草创时三人小组的艰难开端、选址时多地比较的反复斟酌、国际竞赛时的激烈角逐、方案讨论时的互不相让、颠覆修改时的痛苦不堪、取得突破时的击掌相庆；犹记得新冠疫情防控期间克服重重困难快速恢复开工，居家办公不误工期，让计划努力赶上变化；犹记得无数次的工地会议、现场检查和各地出差，协调沟通、督促推动、目标导向、过程优化；犹记得奠基开工典礼上的狂风大雨，工地上凛冽刺骨的冬日寒风，每日往返 140 多公里的辛苦通勤路，还有开馆那一天球幕影院里的最美星空音乐会。

每一个成功的项目，有着不一样的困难和挑战，却有着同样艰难曲折的建设历程，背后都有着一支专业敬业的团队。上海天文馆的成功得益于天时、地利、人和，而其中最关键的因素就是人，如果要列出第五个“不一般”，那一定是“不一般的建设团队”。正如张贴在天文馆建设指挥部墙面上的那句口号“聚力攻坚、同心干事，建设国际顶级天文馆”，只有上下齐心、内外协力，才能共同造就世界顶级的天文馆。

同时，由叶叔华院士领衔的由科学、教育、技术、艺术、工程建设等各领域权威专家组成的专家组全程指导上海天文馆的建设工作，在内容方案制订、深化设计、工程验收等不同阶段进行指导审核和专业把关，确保了上海天文馆的建设品质。此外，上海科技馆还成立了由全馆相关部门共同组成的上海天文馆工程建设领导组，在不同阶段尤其是开馆筹备工作中发挥了重要作用。

上海天文馆展示工程的外部参建单位，从整体规划设计单位、装饰布展工程总包到各专业类型的展品展项、配套系统的承建单位，以及监理等第三方服务机构，多达数十家，均由严格规范的政府采购程序进行公开招标后确定中标，并直接与馆方签订合同，接受指挥部的管理。由于很好地统筹兼顾到程序规范要求和项目专业要求，"上海天文馆展示工程总承包及系列展品展项项目"作为上海市政府采购中心的成功案例获得 2019 年中国政府采购精品项目奖。经过公平竞争和严格选拔才获得宝贵参建机会的所有参建单位都将上海天文馆的建设工作作为展示和提升自我能力的平台，深度参与、积极投入，从不同的行业和专业领域为上海天文馆的最终成功贡献了不可或缺的力量。可以说，正是这么多的"不一般"造就了上海天文馆不一般的建设成就和社会反响。

当然，作为建设者和管理者，我们也清醒地认识到工程建设中难免存在遗憾。通过两年的场馆运行经验总结并不断听取各方意见，我们对设计实施过程中存在的不足进行了梳理，以期未来改进，比如：在建设流程上，应该进一步强调展示设计先于建筑设计，尤其是应提前考虑特殊类展品的需求；在内容传播上，部分知识点过于深奥，应进一步注重内容的选择和分众化传播；在空间流线方面，对于持续大客流预计不足，部分通道过于狭窄，容易造成堵点，单线参观造成区域客流不平衡；在展示形式方面，还可以进一步优化交互方式和工艺质量，提高可靠性和耐用度；在建筑材料和设备设施方面，应针对临港的气候条件进一步提高防霉、防潮、防腐蚀的措施；在管理维护方面，可以更早地让管理团队介入，提高建设和管理的一体化和一贯性；等等。

上海天文馆的建设过程塑造和培养了一批技术骨干，他们大部分留在天文馆继续开展运行管理和研究教育工作，再同从全馆补充和社会招聘的专业人员一起，担负起推动上海天文馆未来发展的重任。临港管委会也给予了大力支持，持续开展天文馆展示优化提升、数字孪生场馆建设等重要发展性项目，相信很多建设过程中的遗憾和不足都将得到解决和改善，并为上海天文馆的可持续发展和高质量引领注入不竭的动力。

上海天文馆以全球化的规划设计、全方位的专业协同、全领域的创新突破和全周期的精细管理铸造了一座堪称国际顶级的天文馆，满足了观众对浩渺宇宙的无限好奇，并帮助他们建立科学完整的宇宙观，为提升公众科学素养做出了积极的贡献。同时，它的建设也为国内外科普场馆尤其是天文馆的建设进行了有效的探索，形成了一批原创科普成果，培养了一批天文科普专家，提升了诸多行业单位对天文科普的理解和设计建设能力，推动了相关科普事业和科普产业的发展。

“星空浩瀚无比，探索永无止境”，期待上海天文馆在未来始终保持创新活力，引领行业高质量发展，成为连接公众与星空的桥梁！

# 后 记

本书所总结的成果和经验源于所有建设人员的共同智慧，在写作过程中得到了上海科技馆和上海天文馆建设指挥部相关同事及部分参建单位在资料、数据、照片等方面的大力支持，在此一并表示感谢！

上海天文馆在建设过程中得到了社会各界的大力支持，在此谨代表工程建设团队表示由衷的感谢。尤其要特别感谢叶叔华院士发起建设上海天文馆的倡议，对天文馆的建设指明了方向并给予了重要指导！感谢上海市政府历任领导、相关政府部门、临港管委会所给予的大力支持！

衷心感谢中国科学院上海天文台提供学术支持，并感谢所有在上海天文馆建设期间给予指导的各位专家、顾问和学者，你们为天文馆建设的科学性、艺术性、先进性做了严格把关并提出了诸多建设性意见！

最后，感谢上海科技馆历任馆领导、所有部门和全体员工对项目建设的全力支持！感谢上海天文馆建设指挥部所有成员和所有参建单位，感谢你们的倾情投入和全身心付出，以智慧和汗水成就了这座国际顶级的天文馆，我们共同走过的建设岁月是最美好的回忆！